零基础做裱花蛋糕

Decorating Cake

私享家
ENJOY LIFE
懒人厨房

Miss Cake 工作室 编著

中国轻工业出版社

图书在版编目（CIP）数据

零基础做裱花蛋糕 / Miss Cake 工作室编著．— 北京 : 中国轻工业出版社，2019.1
ISBN 978-7-5184-2155-8

Ⅰ．①零… Ⅱ．① M… Ⅲ．①蛋糕—糕点加工 Ⅳ．① TS213.2

中国版本图书馆 CIP 数据核字（2018）第 238456 号

责任编辑：朱启铭　刘凯磊　　策划编辑：朱启铭　　责任终审：劳国强
版式设计：金版文化　　封面设计：奇文云海　　责任监印：张京华
图文制作：深圳市金版文化发展股份有限公司

出版发行：中国轻工业出版社（北京东长安街 6 号，邮编：100740）
印　　刷：北京博海升彩色印刷有限公司
经　　销：各地新华书店
版　　次：2019 年 1 月第 1 版第 1 次印刷
开　　本：720×1000　1/16　印张：12
字　　数：130 千字
书　　号：ISBN 978-7-5184-2155-8　　定价：55.00 元
邮购电话：010-65241695
发行电话：010-85119835　传真：010-85113293
网　　址：http://www.chlip.com.cn
Email:club@chlip.com.cn
如发现图书残缺请直接与我社邮购联系调换
170197S1X101ZBW

Contents
目录

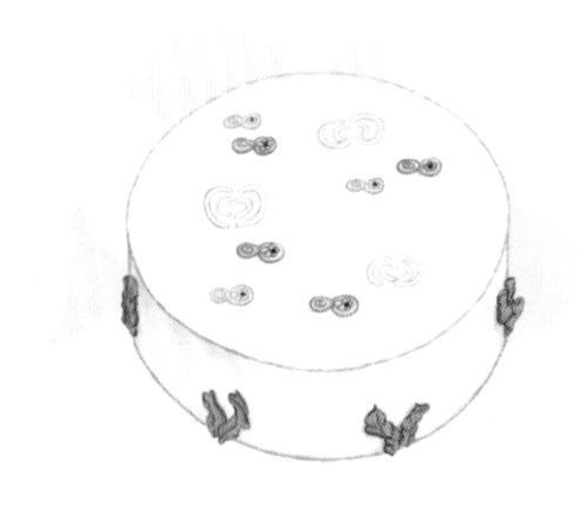

第3章 一枝独秀

第4章 花开满簇

第 5 章 欢乐节庆日

第1章

学裱花的基础准备

常用工具

本书
使用工具

1M 玫瑰花嘴

2 号小圆嘴

3 号小圆嘴

5 号小圆嘴

8 号中圆嘴

10 号中圆嘴

12 号中圆嘴

14 号小锯齿嘴

17 号小菊花嘴

21 号菊花嘴

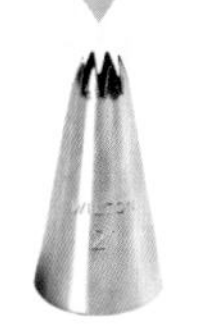

22 号菊花嘴

32 号菊花嘴

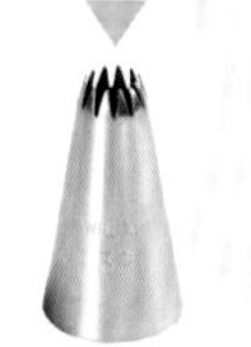

47 号单面锯齿嘴

101 号花瓣嘴

102 号花瓣嘴

103 号花瓣嘴

104 号花瓣嘴

224 号五瓣花嘴

233 号小草嘴

352 号叶子嘴

366 号大叶子嘴

SN7102 号菊花嘴

俄罗斯花嘴

边长 15 厘米
方形蛋糕模具
锯齿刮板
蛋糕纸杯
电磁炉
直径 15 厘米
圆形蛋糕模具
温度计
转印塑料字模
Birthday
Happy
蛋糕台
抹刀
脱模刀
橡皮刮刀
蛋糕架
网筛
手动打蛋器
电子秤
蛋糕垫板
刮板
烘焙油纸
电动打蛋器
裱花袋

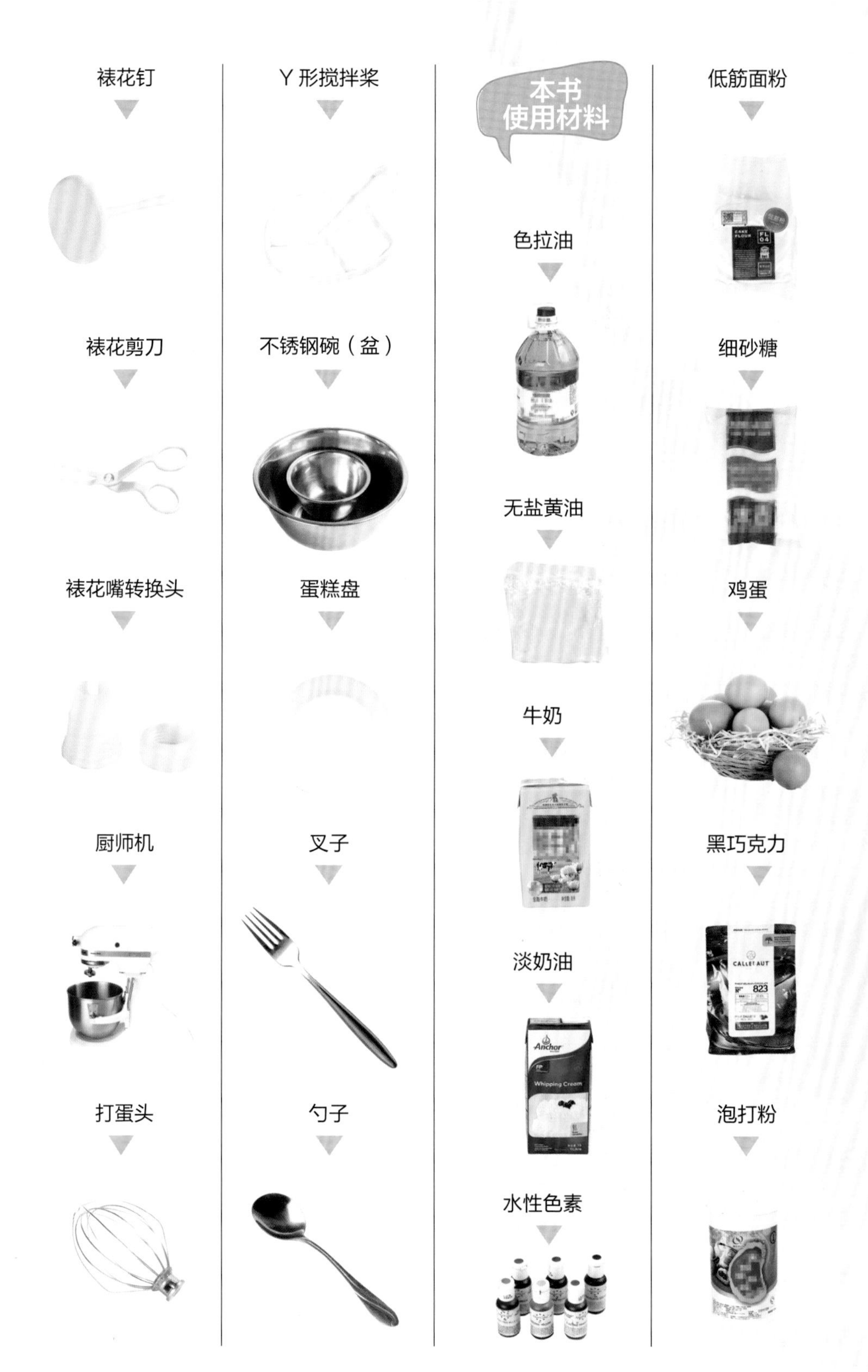
裱花钉
裱花剪刀
裱花嘴转换头
厨师机
打蛋头
Y 形搅拌桨
不锈钢碗（盆）
蛋糕盘
叉子
勺子
本书
使用材料
色拉油
无盐黄油
牛奶
淡奶油
Anchor
Whipping Cream
水性色素
低筋面粉
细砂糖
鸡蛋
黑巧克力
泡打粉

基础材料制作

如何烤出一个完美的蛋糕坯？

6 寸全蛋海绵蛋糕坯的制作

材料

全蛋 75 克，蛋黄 40 克，细砂糖 60 克，低筋面粉 45 克，色拉油 13 克

工具

直径 15 厘米圆形蛋糕模具，不锈钢盆 1 个，网筛 1 个，手动打蛋器 1 台，橡皮刮刀 1 把，脱模刀 1 把

步骤

1 将全蛋、蛋黄和细砂糖全部倒入不锈钢盆内，用手动打蛋器打散，再将不锈钢盆放入 60℃的热水中隔水加热，边加热边用手动打蛋器搅拌，使之受热均匀。用手指探测温度至刚好烫手的程度（约 40℃），此温度为全蛋打发之理想温度。

2 将不锈钢盆从热水中取出，稍侧盆身使之与打蛋器垂直，高速打发约 4 分钟，至用打蛋器提起蛋液可以画出“8”字并不会在短时间内消失。

3 倒入筛好的低筋面粉，用橡皮刮刀轻轻翻拌，翻拌的时候要从底部向上翻出，手法要轻快，以防消泡。

4 将一勺面糊放入色拉油中，用橡皮刮刀搅拌均匀。

5 将步骤 4 的混合物倒至步骤 3 的混合物中，用橡皮刮刀搅拌均匀，制成蛋糕糊。

6 将蛋糕糊倒入蛋糕模具中，至八分满，再将蛋糕糊震动几下。放入预热至160℃的烤箱中，烘烤约20分钟至蛋糕坯表面呈浅咖啡色。

7 取出烤好的蛋糕坯，在桌面轻摔两下，倒扣在烤网架上，放凉，用脱模刀分离蛋糕坯及模具边缘，脱模即可。

Tips

- 制作全蛋海绵蛋糕坯用糖量较大，不要轻易尝试减少糖量，以免使蛋糕坯不易膨胀且降低蛋糕坯的湿润度。
- 全蛋打发时，因为蛋黄中含有油脂，会使得气泡难以形成，所以需要给鸡蛋加热，减小鸡蛋的表面张力，才容易打发。
- 边加热边搅拌让鸡蛋受热均匀，以防局部凝固。

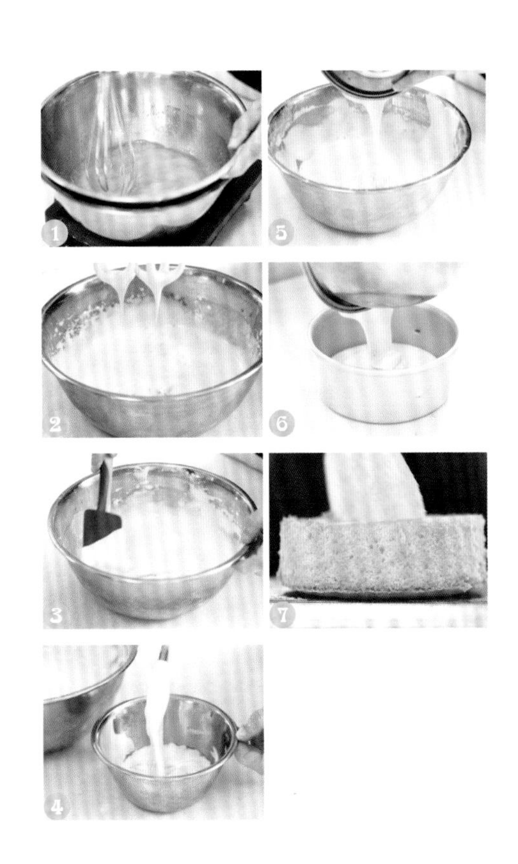

6 寸分蛋海绵蛋糕坯的制作

材料

蛋白 4 个，蛋黄 4 个，柠檬汁适量，细砂糖 38 克，低筋面粉 45 克，色拉油 25 克

工具

直径 15 厘米圆形蛋糕模具，不锈钢盆 1 个，电动打蛋器 1 台，橡皮刮刀 1 把，网筛 1 个，脱模刀 1 把

步骤

1. 将蛋白倒入不锈钢盆中，倒入柠檬汁，分两次倒入 20 克细砂糖，用电动打蛋器打至硬性发泡，制成蛋白霜。
2. 在蛋黄中倒入 18 克细砂糖，搅拌均匀，至发白状态。
3. 将蛋白霜分 3 次加入到步骤 2 的混合物中，搅拌均匀。
4. 倒入筛好的低筋面粉，用橡皮刮刀翻拌均匀，至无颗粒状态。
5. 将步骤 4 中的一小部分混合物倒入色拉油中，搅拌均匀。
6. 迅速倒回余下的步骤 4 的混合物中，搅拌均匀，制成蛋糕糊。
7. 将蛋糕糊倒入模具内，至八分满，再将蛋糕糊震动几下。放入预热至 150℃的烤箱中，烘烤约 15 分钟，再将温度调至 175℃，烘烤约 15 分钟。
8. 将烤好的蛋糕坯在桌面轻摔两下，倒扣在烤网架上，放凉。待蛋糕坯彻底冷却后，用脱模刀分离蛋糕坯及模具边缘，脱模即可。

Tips

- 蛋白必须盛装在无水、无油的干净容器内，和蛋黄分离时不可以沾到蛋黄。
- 打发蛋白时全程采用电动打蛋器以中速打发，这样既可以防止打发过度，也可以防止烧坏机器。

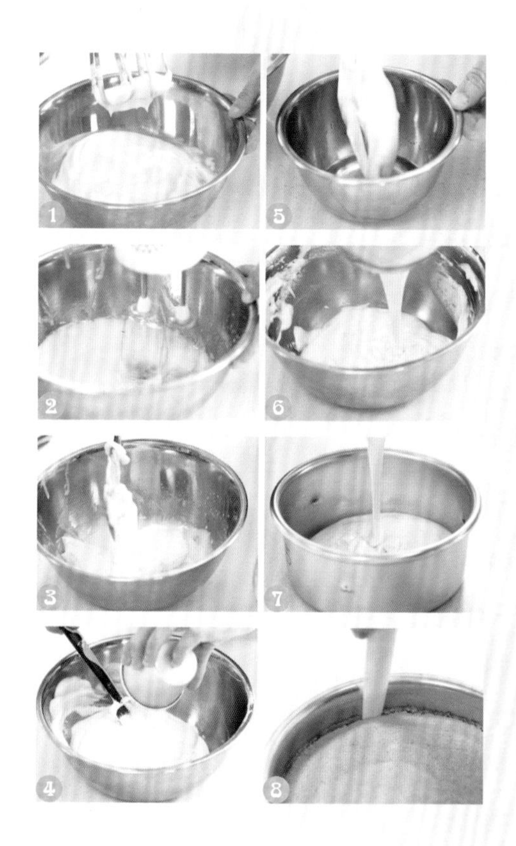

杯子蛋糕的制作

材料

低筋面粉 100 克，泡打粉 5 克，无盐黄油 70 克，细砂糖 45 克，牛奶 50 克，盐适量，蛋液适量

工具

直径约 6 厘米的蛋糕纸杯 6 个，不锈钢盆 1 个，电动打蛋器 1 台，裱花袋 1 个

步骤

1 将无盐黄油倒入不锈钢盆中，再倒入盐和细砂糖，用电动打蛋器搅打至乳霜状。

2 分两次倒入蛋液，搅拌均匀。

3 把泡打粉与面粉和均匀，取 1/3 倒入步骤 2 的混合物中，再倒入 1/3 的牛奶搅拌均匀。

4 重复步骤 3，至将粉类材料和牛奶全部加入，制成蛋糕糊，装入裱花袋中，剪小口。

5 将蛋糕糊垂直挤入蛋糕纸杯，放入烤箱，以 150℃烘烤约 20 分钟，烤好后取出。

制作顺滑意式奶油霜的技巧

顺滑意式奶油霜

材料

无盐黄油 250 克，细砂糖 120 克，水 30 克，蛋白 3 个

工具

厨师机 1 台，不锈钢盆 1 个，电磁炉 1 台，Y 形搅拌桨 1 个

步骤

1 在不锈钢盆中倒入细砂糖和水，用电磁炉加热至 120℃，煮至糖水质地变黏稠，表面布满小气泡。

2 将蛋白倒入厨师机中，调至高速挡，将蛋白打至七分发，再边搅拌边倒入步骤 1 中的糖水。

3 搅拌至蛋白黏着在打蛋头上，不易掉落即可。

4 将黏着在打蛋头的蛋白抖落至搅拌缸中，将打蛋头换成 Y 形搅拌桨，厨师机调至中速挡。将室温软化的无盐黄油倒入，继续搅拌。

5 搅拌过程中，一开始呈豆渣状，持续搅拌几分钟后，即可制成顺滑的意式奶油霜。

注：书中不做特殊说明的，裱花袋均为用裱花剪刀剪尖端的小口，工具中不一一标出。

为蛋糕坯穿上平整的外衣：蛋糕抹面技巧

淡奶油抹面方法

材料

淡奶油 180 克，细砂糖 18 克，6 寸全蛋海绵蛋糕坯 1 个

工具

电动打蛋器 1 台，抹刀 1 把，刮板 1 块，不锈钢盆 1 个，蛋糕台 1 个

步骤

1. 将淡奶油和细砂糖倒入不锈钢盆中，用电动打蛋器打至九分发。
2. 用抹刀在蛋糕坯表面涂抹薄薄一层已打发淡奶油，防止蛋糕坯表面掉屑。
3. 将适量的已打发淡奶油倒在蛋糕坯上表面，用抹刀在蛋糕坯上表面的 4 点钟位置边涂抹边转动蛋糕台至蛋糕坯上表面平滑，厚约 0.5 厘米，多余的淡奶油会落到蛋糕坯的侧面。
4. 将抹刀垂直于蛋糕坯上表面 8 点钟位置，将从上表面落下来的淡奶油均匀地涂抹在蛋糕侧面，边抹边转动蛋糕台，抹面厚度需达到约 0.5 厘米，用刮板将蛋糕坯上表面和侧面修饰平整即可。

奶油霜抹面方法

材料

意式奶油霜 180 克，已打发淡奶油 200 克，6 寸全蛋海绵蛋糕坯 1 个

工具

47 号单面锯齿嘴 1 个，裱花嘴 1 个，裱花袋 1 个，抹刀 1 把，刮板 1 块

步骤

1. 用抹刀在蛋糕坯表面涂抹薄薄一层已打发淡奶油，防止蛋糕表面掉屑。
2. 将 180 克意式奶油霜装入放有 47 号单面锯齿嘴的裱花袋中，拧紧裱花袋口。
3. 将 47 号单面锯齿嘴有锯齿的一面贴近蛋糕坯侧面，左手转动蛋糕台，右手挤出奶油霜，由下至上绕圈，直至将蛋糕侧面填满。挤奶油霜时需稍用力，以保证奶油霜的厚度。
4. 参照步骤 3 的方法在蛋糕坯上表面由外向内挤满奶油霜，用抹刀将蛋糕坯侧面及上表面的奶油霜抹平，再用刮板修饰平整即可。

让你的蛋糕更有内涵

蛋糕夹心方法

材料

6 寸分蛋海绵蛋糕坯，已打发淡奶油 100 克，芒果片 150 克

工具

锯齿刀 1 把，抹刀 1 把，蛋糕台 1 个

步骤

①将蛋糕坯置于蛋糕台上，用锯齿刀在蛋糕坯侧面高度 1/3 处进行环切，分离出第 1 片蛋糕坯，重复此步骤，将蛋糕坯分切成 3 等份。
②将一片蛋糕坯放于蛋糕台上，用抹刀在上表面抹上一层已打发淡奶油，均匀放上一层芒果夹心。
③在芒果夹心上再抹上一层已打发淡奶油。
④最后放上一片蛋糕坯，用手稍压实，即完成一层夹心。
⑤重复步骤2～4，完成两层夹心即可。

转换嘴的使用方法

①将转换头拧开，分为两部分。
②将转换头的上半部分放入裱花袋中，在螺纹的位置做一个记号。
③取出转换头的上半部分，用剪刀在做记号的位置剪一个小口。
④将转换头上半部分装入裱花袋中，从外部套上裱花嘴。
⑤最后，装上转换嘴下半部分即可。

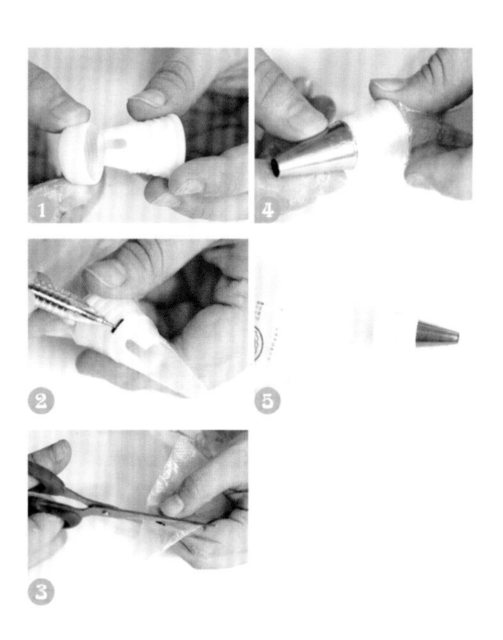

第2章

懒人爱的人气裱花蛋糕

简约之蓝

制作材料

夹心完毕的 6 寸海绵蛋糕
淡奶油 180 克
细砂糖 18 克
蓝色色素适量

工具

叉子 1 把
不锈钢盆 1 个
电动打蛋器 1 台
抹刀 1 把
蛋糕台 1 个
刮板 1 块
蛋糕盘 1 个

制作步骤

1 将淡奶油倒入不锈钢盆中，倒入细砂糖。

2 加入蓝色色素，用电动打蛋器中挡打至九分发。将蛋糕放在蛋糕台上。

3 取适量已打发的蓝色淡奶油放在蛋糕上表面，用抹刀抹平。

4 再将剩余已打发蓝色淡奶油均匀抹至侧面，边抹平边转动蛋糕台，此步骤重复两次。

5 用刮板把蛋糕奶油抹面稍作修整，使其更平整、光滑。用抹刀将蛋糕从蛋糕台转移到蛋糕盘上。

6 用叉子在蛋糕表面轻轻划出带有小尖的自然纹路，注意叉子无须划太深，否则会使蛋糕裸露。

红粉佳人

制作材料

夹心完毕的6寸海绵蛋糕1个
淡奶油150克
糖粉15克
草莓粉5克
蓝莓20克
草莓（切爱心状）35克
猕猴桃（切块）15克
糖粉少许

工具

大玻璃碗1个
电动打蛋器1台
抹刀1把
蛋糕台1个
蛋糕盘1个
8号中圆嘴1个
裱花袋1个
网筛1个

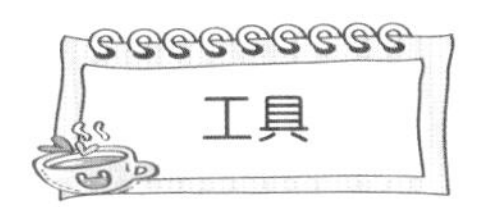

制作步骤

1
将淡奶油装入大玻璃碗中，用电动打蛋器搅打至有纹路出现。取一半已打发淡奶油装入套有8号中圆嘴的裱花袋中，待用。

2
往剩余已打发淡奶油中倒入草莓粉，搅打均匀，再倒入15克糖粉，搅拌均匀，制成草莓奶油糊。

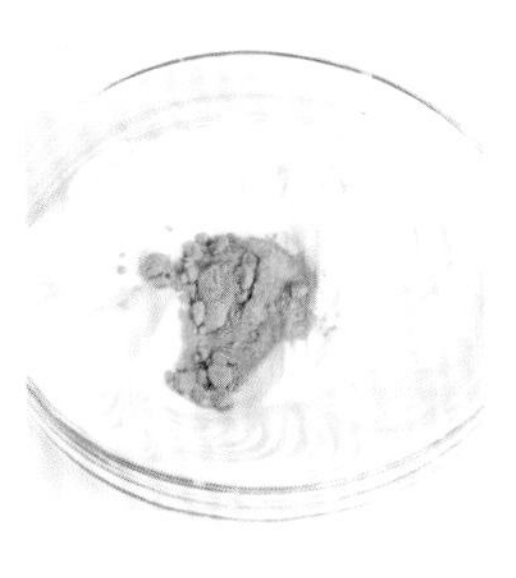

3
海绵蛋糕放在蛋糕台上，取适量打发的草莓奶油糊放在蛋糕上表面，用抹刀抹平。

4
装饰蓝莓、草莓、猕猴桃，用网筛筛上一层糖粉，转移到蛋糕盘上。

5
最后，裱花袋与平面呈30°角，在蛋糕底部挤上一圈圆球状的淡奶油，重复此步骤，绕蛋糕一周，形成围边即可。

简约庆生蛋糕
HAPPY BIRTHDAY

制作材料

抹面完毕的 6 寸海绵蛋糕（淡奶油）1 个
HAPPY BIRTHDAY 插牌 1 个
已打发的淡奶油 150 克
紫色色素适量

工具

3 号小圆嘴 1 个
8 号中圆嘴 1 个
橡皮刮刀 1 把
抹刀 2 把
蛋糕架 1 个
裱花袋 2 个
不锈钢盆 1 个
蛋糕台 1 个

制作步骤

1 在已打发的淡奶油中滴入适量紫色色素，用橡皮刮刀搅拌均匀，制成紫色淡奶油。

2 在裱花袋尖端剪一个小口，放入3号小圆嘴，再装入 50 克紫色淡奶油。将蛋糕放在蛋糕台上。

3 裱花嘴垂直于蛋糕侧面，挤出小圆点状紫色淡奶油，每隔约 4 厘米挤 1 个，绕蛋糕一周即完成第 1 圈，由上至下相错挤出第 2 圈和第 3 圈。

4 用两把抹刀从蛋糕底部两侧将蛋糕转移到蛋糕架上。

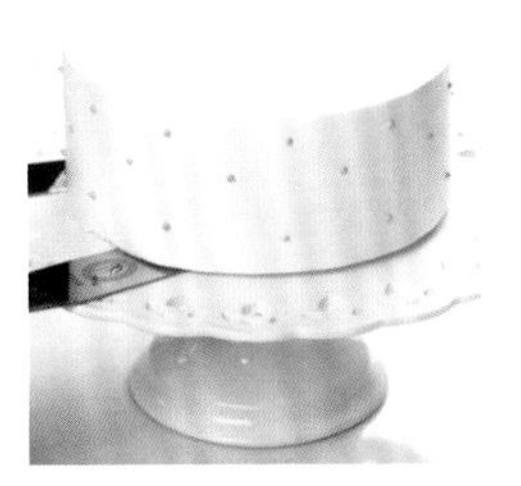

5 将剩余的 100 克紫色淡奶油装入放有 8 号中圆嘴的裱花袋中，与平面呈 30° 角，挤出圆球状淡奶油，重复此步骤，绕蛋糕一周，形成围边。

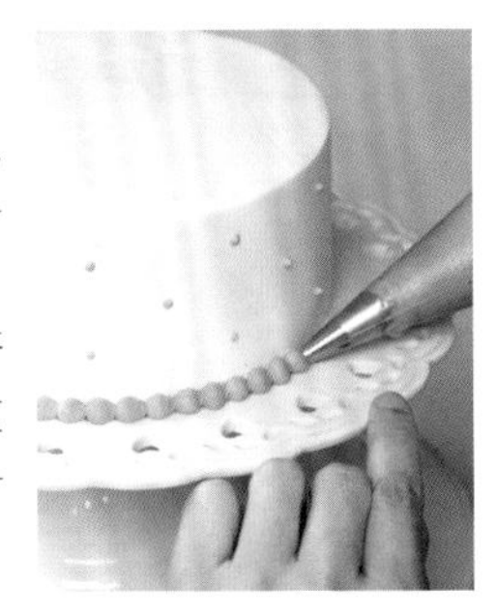

6 最后，在蛋糕上表面插上 HAPPY BIRTHDAY 插牌即可。

君度日落

制作材料

夹心完毕的 6 寸海绵蛋糕 1 个
淡奶油 200 克
君度橙酒 4 毫升
橙色色素少许
樱桃 2 颗

工具

22 号菊花嘴 1 个
橡皮刮刀 1 把
抹刀 1 把
裱花袋 2 个
蛋糕台 1 个
蛋糕盘 1 个
大玻璃碗 1 个
小玻璃碗 1 个
电动打蛋器 1 台

制作步骤

1. 将淡奶油倒入君度橙酒后，用电动打蛋器搅打至发起，取一半作为装饰奶油；在另一半淡奶油中加入橙色色素，用橡皮刮刀搅拌均匀，制成橙色奶油。

2. 把海绵蛋糕放在蛋糕盘上，再转移到蛋糕台上，用抹刀在蛋糕表面均匀涂上一层装饰奶油，再间隔一定距离涂抹橙色奶油。

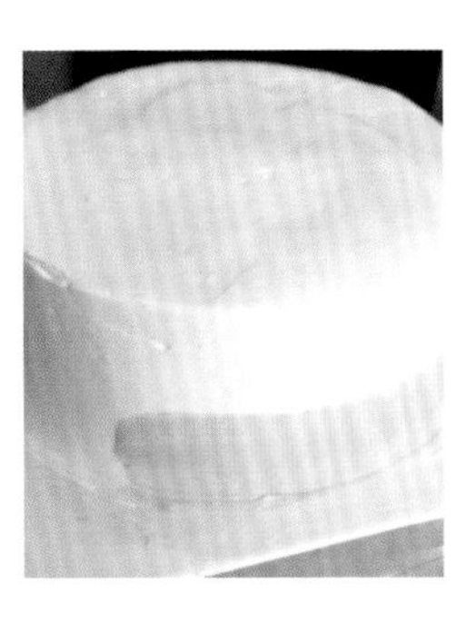

3. 把两种奶油混合抹匀，再将剩余橙色奶油装入套有 22 号菊花嘴的裱花袋中。

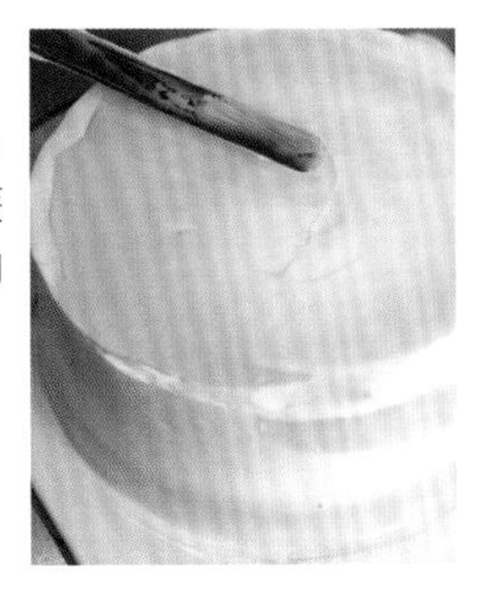

4. 把橙色奶油裱花袋与上表面边缘呈 60° 角挤出奶油，向下收口，重复此步骤，挤满蛋糕上表面边缘，形成贝壳状围边，放上樱桃。

5. 将剩余装饰奶油装入裱花袋中，在顶端剪一个小口。

6. 蛋糕底部用装饰奶油与平面呈 30° 角，挤上一圈圆球状的装饰奶油，重复此步骤，绕蛋糕一周，形成围边。最后，在蛋糕上面挤出数个心形图案即可。

玫瑰梦
Dream

制作材料

6 寸海绵蛋糕坯 1 个
淡奶油 400 克
火龙果（切丁）80 克
玫瑰花适量
水晶果膏[1]适量
巧克力笔 1 支

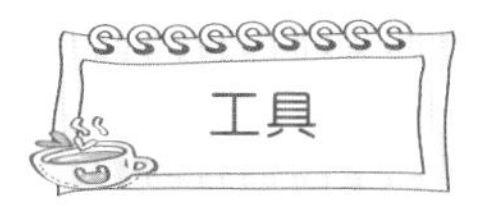

工具

22 号菊花嘴 1 个
橡皮刮刀 1 把
抹刀 1 把
切刀 1 把
裱花袋 1 个
蛋糕盘 1 个
蛋糕台 1 个
大玻璃碗 1 个
电动打蛋器 1 台

制作步骤

❶ 将淡奶油倒入大玻璃碗中，用电动打蛋器搅打至干性发泡。

❷ 取海绵蛋糕坯，修整呈心形，放在蛋糕台上，横刀切开，抹上适量打发的淡奶油，撒入火龙果丁，再盖上一片蛋糕坯。

❸ 将打发好的淡奶油用抹刀均匀地涂满整个蛋糕表面，剩余淡奶油装入套有 22 号菊花嘴的裱花袋里。将蛋糕转移到蛋糕盘上。

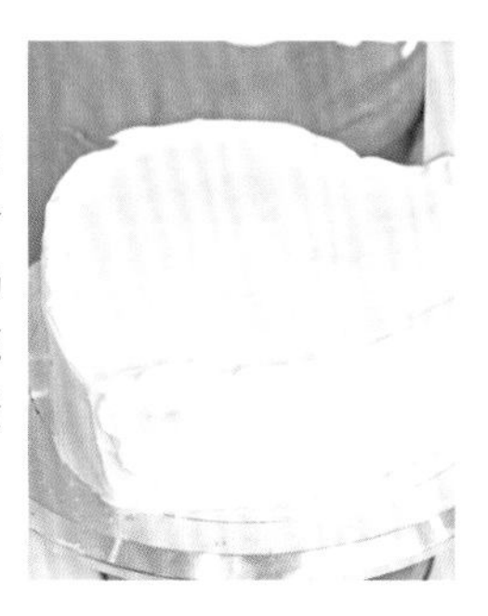

❹ 裱花袋与上表面边缘呈 60° 角挤出奶油，向下收口，重复此步骤，至挤满蛋糕上表面边缘，形成贝壳状围边；将玫瑰花粘在蛋糕的侧面。

❺ 用巧克力笔在蛋糕表面做出“女孩”造型，再写上“Dream”字样，点缀小心形图案。

❻ 用水晶果膏和玫瑰花贴出“裙子”即可。

注①：水晶果膏，烘焙材料超市有售。

宝宝周岁蛋糕

抹面完毕的淡蓝色 6 寸海绵蛋糕（淡奶油）1 个
彩色糖珠适量
周年纪念蜡烛 1 支

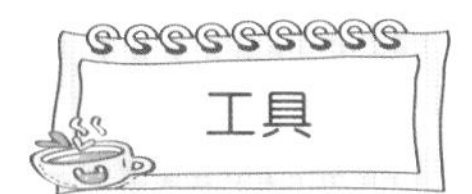

抹刀 2 把
锯齿刮板 1 块
蛋糕台 1 个
蛋糕垫板 1 块

1

将蛋糕放在蛋糕台上，用锯齿刮板在蛋糕侧面划出纹路，再用抹刀前端在蛋糕上表面抹出一圈一圈的纹路。

2

用两把抹刀将蛋糕移至蛋糕垫板上。

3

在蛋糕中间插上 1 支周年纪念蜡烛。

4

在蛋糕上表面均匀撒上彩色糖珠即可。

康乃馨蛋糕

制作材料

抹面完毕的 6 寸海绵蛋糕（淡奶油）1 个
康乃馨鲜花 3 朵
淡奶油 180 克
细砂糖 18 克

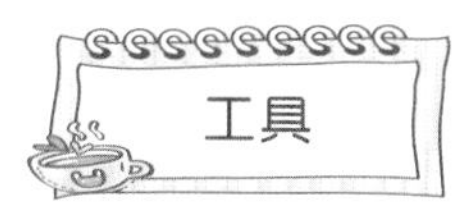

工具

叉子 1 把
电动打蛋器 1 台
抹刀 1 把
刮板 1 块
镊子 1 把
不锈钢盆 1 个
蛋糕架 1 个

制作步骤

1

将蛋糕放在蛋糕架上；把180克淡奶油及18克细砂糖用电动打蛋器快速打至八分发，抹于蛋糕表面，用抹刀及刮板修整至平整。

2

用叉子在蛋糕表面划出纵横交错的纹路。横的纹路旁边划出纵的纹路，纵的纹路旁边划出横的纹路，接连进行，以免划错，每划完一下要将叉子上的奶油擦干净。

3

参照步骤 2 的方法在侧面划出纵横交错的纹路。

4

最后，用镊子在蛋糕上表面插上康乃馨鲜花即可。

星光璀璨

抹面完毕的 6 寸海绵蛋糕（淡奶油）1 个
淡奶油 250 克
细砂糖 25 克
星星插旗适量

22 号菊花嘴 1 个
不锈钢盆 1 个
电动打蛋器 1 台
抹刀 2 把
刮板 1 把
蛋糕台 1 个
蛋糕垫板 1 块
裱花袋 1 个

1. 将淡奶油和细砂糖倒入不锈钢盆，用电动打蛋器打至九分发。

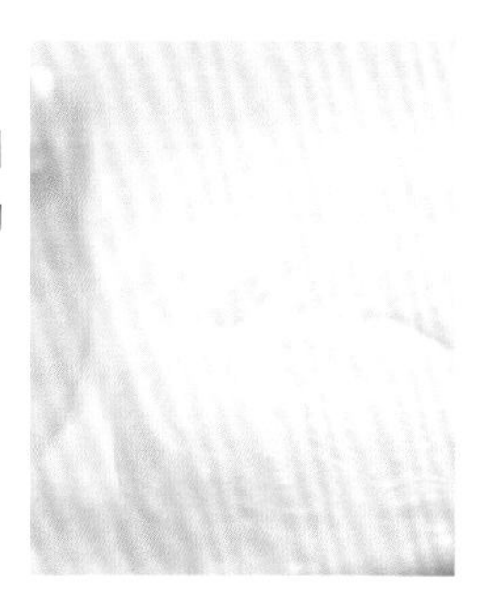

2. 将蛋糕放在蛋糕台上，把 180 克已打发的淡奶油倒在蛋糕上表面，抹平，多余的淡奶油抹至蛋糕侧面，涂抹均匀。

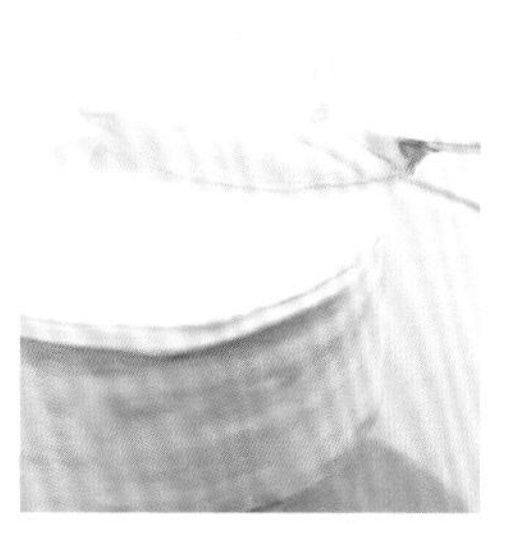

3. 借助抹刀和刮板修整表面，刮去多余淡奶油，用抹刀将蛋糕转移到蛋糕垫板上。

4. 将 22 号菊花嘴装入裱花袋，在裱花袋尖端剪一个小口。将剩余 70 克已打发的淡奶油装入裱花袋中。

5. 裱花嘴与平面呈 30° 角，在蛋糕底部绕蛋糕一周挤出贝壳状奶油围边。

6. 在蛋糕上表面插上星星插旗即可。

疯狂动物城蛋糕

制作材料

抹面完毕的 6 寸方形海绵蛋糕 1 个
疯狂动物城图案翻糖纸 1 张
意式奶油霜 60 克
蓝色色素适量

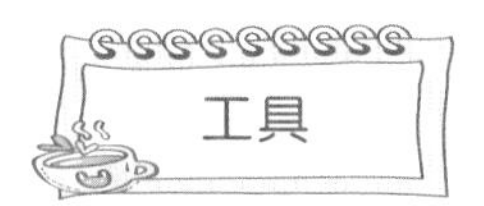

工具

21 号菊花嘴 1 个
电动打蛋器 1 台
裱花袋 1 个
不锈钢盆 1 个
蛋糕台 1 个
蛋糕盘 1 个

制作步骤

❶
将疯狂动物城图案翻糖纸放在蛋糕上表面中央位置。把蛋糕放在蛋糕盘上，再一起转移到蛋糕台上。

❷
在意式奶油霜中滴入适量蓝色色素，用电动打蛋器搅打均匀，制成蓝色奶油霜。

❸
将蓝色奶油霜装入放有 21 号菊花嘴的裱花袋中，拧紧裱花袋口。

❹
裱花嘴与上表面边缘呈 60° 角，挤出奶油霜，向下收口，重复此步骤，挤满蛋糕上表面边缘，形成贝壳状围边。

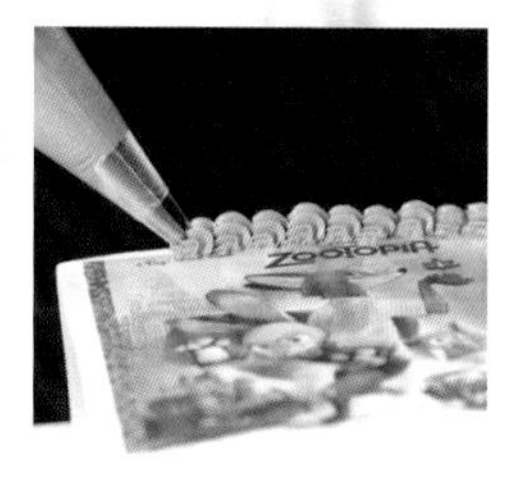

❺
参照步骤 4 的方法在蛋糕底部也挤上一圈贝壳状围边即可。

奥利奥迷踪

制作材料

杯子蛋糕 6 个
淡奶油 200 克
细砂糖 20 克
奥利奥饼干碎适量
奥利奥饼干（对半切）3 个

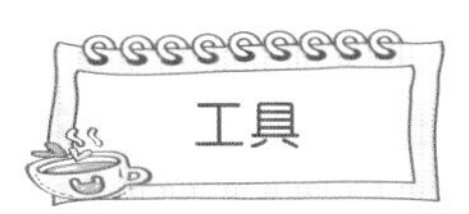

工具

1M 玫瑰花嘴 1 个
橡皮刮刀 1 把
抹刀 1 把
裱花袋 1 个
大玻璃碗 1 个
电动打蛋器 1 台

制作步骤

1
将淡奶油、细砂糖装入大玻璃碗中，用电动打蛋器搅打至有纹路。

2
碗中倒入适量奥利奥饼干碎。

3
将碗中的材料用橡皮刮刀搅拌均匀，制成奥利奥奶糊，装入套有 1M 玫瑰花嘴的裱花袋里。

4
裱花嘴垂直于杯子蛋糕上表面，从杯子蛋糕边缘开始挤出奶糊，由外向内绕圈，直至挤满杯子蛋糕上表面为止。

5
依次挤好 6 个杯子蛋糕上表面，再分别插上半块奥利奥饼干即可。

优雅小圆点

制作材料

抹面完毕的 6 寸粉色海绵蛋糕 1 个
粉色色素适量
意式奶油霜 100 克

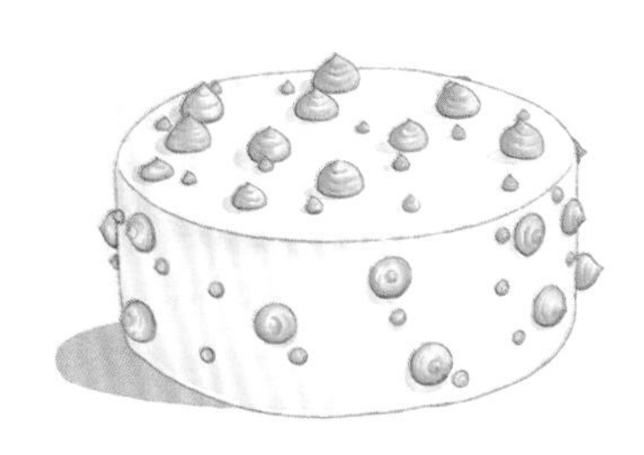

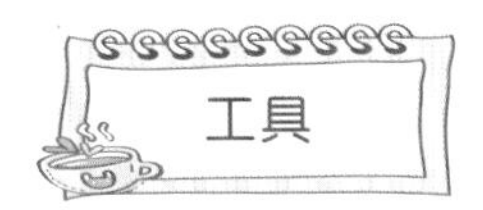

工具

3 号小圆嘴 1 个
8 号中圆嘴 1 个
电动打蛋器 1 台
裱花袋 2 个
不锈钢盆 1 个
蛋糕架 1 个

制作步骤

❶ 将适量粉色色素滴入意式奶油霜中，用电动打蛋器搅打均匀，制成粉色奶油霜。

❷ 将 80 克粉色奶油霜装入放有 8 号中圆嘴的裱花袋中，拧紧裱花袋口。把蛋糕放在蛋糕架上。

❸ 裱花嘴垂直于蛋糕上表面，挤出圆锥状奶油霜，重复此步骤，使圆锥状奶油霜均匀分布于蛋糕上表面。

❹ 将剩余的 20 克粉色奶油霜装入放有 3 号小圆嘴的裱花袋，垂直于蛋糕上表面，在空白处均匀挤上小圆锥状奶油霜。

❺ 参照步骤 3 与步骤 4 的方法在蛋糕侧面挤上奶油霜即可。

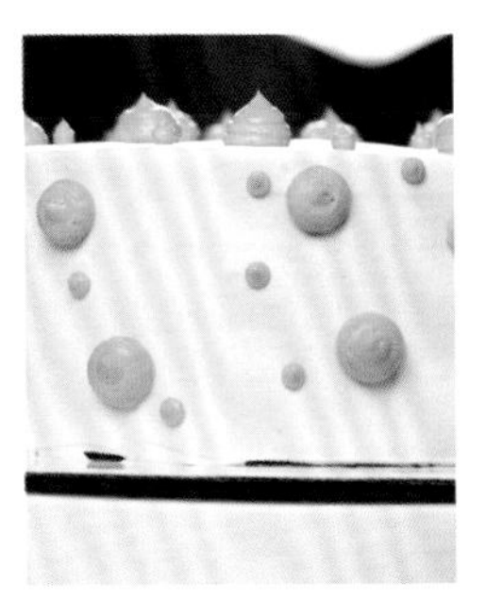

浮云蛋糕卷

制作材料

蛋黄糊
牛奶 280 毫升
无盐黄油 45 克
盐 1.3 克
蛋黄 86 克
细砂糖 10 克
低筋面粉 45 克
蛋白糊
蛋白 135 克
细砂糖 50 克
装饰
淡奶油 160 克
细砂糖 12 克
草莓块适量
芒果丁适量
薄荷叶少许
粉色色素少许

工具

大玻璃碗 3 个
手动打蛋器 1 个
电动打蛋器 1 台
网筛 1 个
平底锅 1 个
橡皮刮刀 1 个
刮板 1 个
烤盘 1 个
烤箱 1 台
高温布 1 张
油纸 1 张
裱花袋 3 个
抹刀 1 把
1M 玫瑰花嘴 1 个
104 号花瓣嘴 1 个
擀面杖 1 个
蛋糕盘 1 个

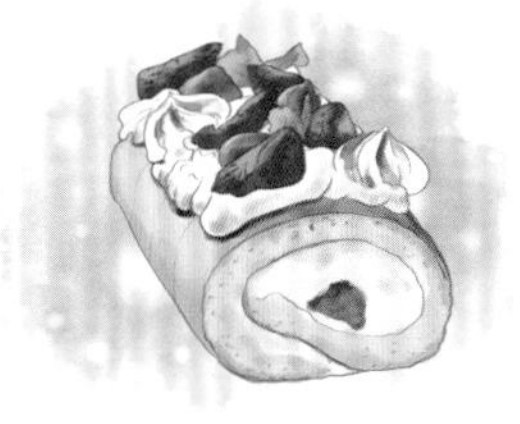

制作步骤

1. 将蛋黄、细砂糖倒入大玻璃碗中，用手动打蛋器搅拌均匀，筛入低筋面粉，搅拌成无干粉状态的面糊。

2. 锅中倒入牛奶、无盐黄油、盐，用中火加热至沸腾，搅拌至材料混合均匀，倒入步骤 1 的面糊中，边倒边不停地搅拌，即成蛋黄糊。

3. 另取一个大玻璃碗，倒入蛋白，再先后分 3 次倒入细砂糖，用电动打蛋器搅打均匀至九分发，即成蛋白糊。

4. 分 3 次将蛋白糊倒入蛋黄糊中，每次用橡皮刮刀上下翻拌均匀，即成蛋糕糊。

5. 取方形烤盘，铺上高温布，倒入蛋糕糊，用刮板抹匀、抹平。

6. 放入已预热至 170℃的烤箱中层，烘烤约 25 分钟，取出蛋糕坯，撕掉高温布后放在油纸上，晾凉至室温。

7

将装饰材料中的淡奶油、细砂糖倒入干净的大玻璃碗中，用电动打蛋器搅打至九分发，分成比例为1：2：3的3份。

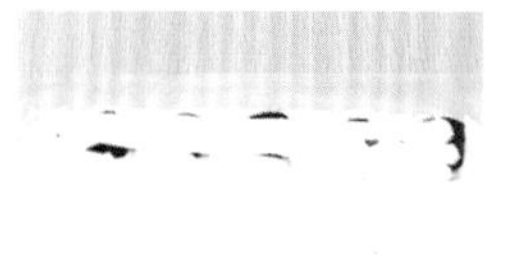

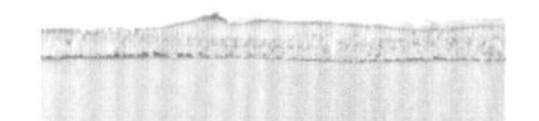

10

在蛋糕坯一边放上一排对半切开的草莓，再将剩余的第3份原色奶油全部挤在摆好的草莓上。

8

在第1份已打发淡奶油中加入粉色色素拌匀，装入套有1M玫瑰花嘴的裱花袋里；第2份装入套有104号花瓣嘴的裱花袋里；第3份直接装入裱花袋里。

11

用擀面杖辅助将蛋糕卷成卷，放入冰箱冷藏约20分钟后取出，撕掉油纸，放在蛋糕盘上，将第2份已打发淡奶油的裱花嘴与蛋糕上表面呈30°角，由外向内挤出“Z”字形奶油霜，覆盖整个上表面。

9

将第3份原色奶油裱花袋顶端剪一个小口，挤一部分在蛋糕坯上，再用抹刀抹平。

12

放上草莓块、芒果丁、薄荷叶，再将第1份粉色奶油的裱花嘴垂直于蛋糕卷表面，挤出奶油霜，轻轻向上拔起作装饰即可。

蛋糕加奶油本已是绝配，再加入草莓、芒果，便成就了新味道，一口咬下去心都化了。

林中苔痕

制作材料

抹茶戚风蛋糕坯

蛋黄 45 克
细砂糖 58 克
盐 0.5 克
抹茶粉 7 克
牛奶 55 毫升
植物油 25 毫升
低筋面粉 62 克
蛋白 110 克

芒果布丁

清水 130 毫升
细砂糖 13 克
芒果布丁粉 35 克

夹心抹茶奶油

甜奶油 140 克
抹茶粉 5 克
君度橙酒 2 毫升
淡奶油 20 克

装饰

淡奶油 100 克
抹茶粉 5 克
苹果片适量
菠萝丁适量
蓝莓适量
圣女果（对半切锯齿花形）1 个
薄荷叶少许

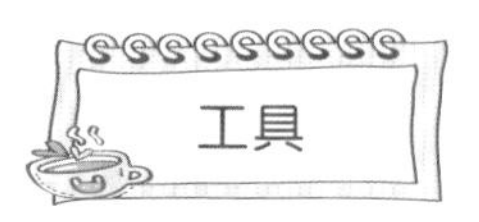

大玻璃碗 6 个
手动打蛋器 1 个
电动打蛋器 1 台
网筛 1 个
橡皮刮刀 1 个
中空戚风模具 1 个
烤箱 1 台
平底锅 1 个
蛋糕盘 1 个
蛋糕台 1 个
裱花袋 3 个
抹刀 1 把
切刀 1 把
8 号中圆嘴 1 个
3 号小圆嘴 1 个

1. 依次将蛋黄、13 克细砂糖、盐、抹茶粉、牛奶、植物油倒入大玻璃碗中，搅拌均匀，筛入低筋面粉，拌成无干粉的面糊。

2. 将蛋白、45 克细砂糖倒入另一玻璃碗中，用电动打蛋器打至发泡。

3. 将一半打发好的蛋白倒入面糊中，混合均匀，再倒回至剩余的蛋白中，翻拌均匀，即成蛋糕糊。

4. 将蛋糕糊倒入戚风蛋糕模具内，轻轻震几下，移入已预热至 180℃的烤箱中层，烤约 30 分钟，即成抹茶戚风蛋糕坯，取出，倒扣放凉。

5

将清水、细砂糖倒入平底锅中，边加热边搅拌至细砂糖完全融化；倒入芒果布丁粉，搅拌均匀，装入玻璃碗中，移入冰箱冷藏2小时，即成芒果布丁。

将甜奶油、淡奶油倒入干净的大玻璃碗中，再倒入君度橙酒，用电动打蛋器搅打至发泡；倒入抹茶粉，搅打至无干粉状态，即成夹心抹茶奶油。

将戚风蛋糕坯脱模，放在蛋糕台上，用切刀将蛋糕分切成3片，取一片放入蛋糕模具内，抹上适量夹心抹茶奶油，再放上芒果布丁、夹心抹茶奶油。

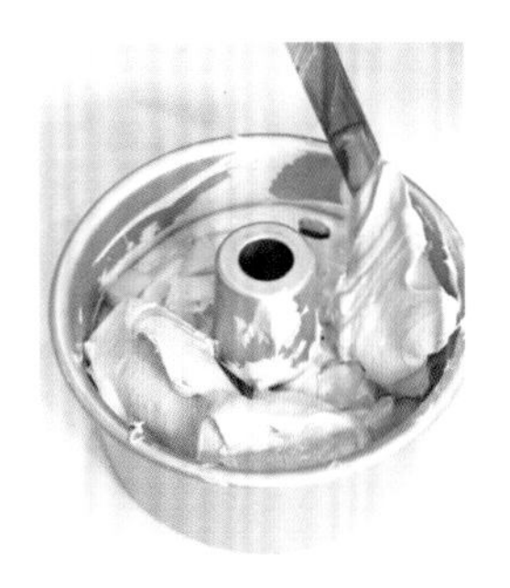

重复以上动作，再放上最后一片蛋糕，在表面抹上夹心抹茶奶油，冷藏2小时后，倒扣脱模，放在蛋糕盘上，再转移到蛋糕台上。

9

将装饰用淡奶油分成2份，一小份直接打至硬性发泡，装入套有8号中圆嘴的裱花袋中；另一大份加入装饰材料中的抹茶粉，打至硬性发泡。

10

将抹茶装饰奶油用抹刀均匀地涂满整个蛋糕表面，再把裱花袋中的原味装饰奶油在蛋糕坯侧面随意挤出纹路，用抹刀抹匀。

11

将剩余的抹茶装饰奶油装入套有3号小圆嘴的裱花袋里，再随意挤在蛋糕上表面的边缘。

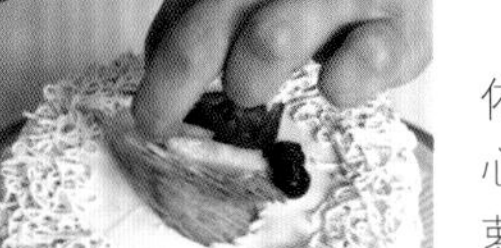

12

依次在蛋糕上表面中心处放上苹果片、菠萝丁、蓝莓、圣女果、薄荷叶装饰即可。

黑森林

制作材料

蛋糕坯
低筋面粉 57 克
玉米淀粉 15 克
黑可可粉 15 克
蛋黄 51 克
蛋白 110 克
细砂糖 40 克
橄榄油 40 毫升
牛奶 40 毫升

装饰
淡奶油 200 克
樱桃酒适量
罐头樱桃适量
巧克力碎适量

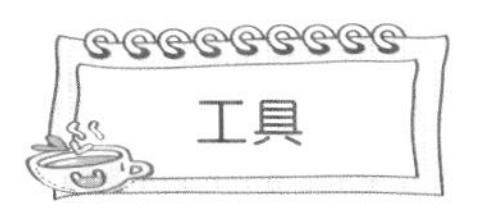
工具

大玻璃碗 3 个
手动打蛋器 1 个
电动打蛋器 1 台
网筛 1 个
橡皮刮刀 1 个
戚风模具 1 个
烤箱 1 台
蛋糕台 1 个
蛋糕盘 1 个
烤网 1 个
抹刀 1 把
切刀 1 把
裱花袋 1 个
1M 玫瑰花嘴 1 个

制作步骤

1
将蛋黄倒入大玻璃碗中，倒入一半的细砂糖，用手动打蛋器搅匀。

2
倒入橄榄油、牛奶，快速搅拌均匀，倒入玉米淀粉，快速搅匀。

3
将低筋面粉、黑可可粉过筛至碗里，用手动打蛋器搅拌至无干粉状态，制成蛋黄可可糊。

4
将蛋白、剩余细砂糖倒入另一个大玻璃碗中，用电动打蛋器搅打至九分发，制成蛋白糊。

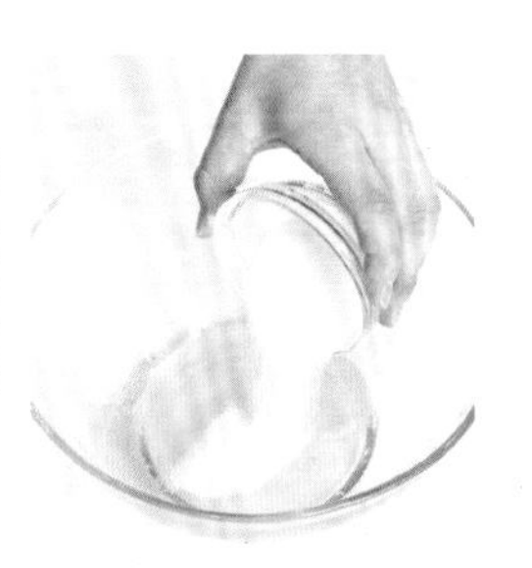

5
用橡皮刮刀将一半的蛋白糊盛入蛋黄可可糊中拌匀，再倒回至装有剩余蛋白糊的大玻璃碗中，翻拌均匀，制成蛋糕糊。

6
将蛋糕糊倒入蛋糕模中，轻震几下，放入已预热至 180℃的烤箱中层，烤约 30 分钟；取出烤好的蛋糕坯，倒扣在烤网上晾凉至室温。

7

将淡奶油倒入大玻璃碗中，淋入少许樱桃酒，用电动打蛋器搅打至干性发泡，待用。

将蛋糕坯横切成3片，取一片放在蛋糕台上，抹上打发的淡奶油，放上罐头樱桃，盖上蛋糕片，继续抹上淡奶油，放上罐头樱桃，盖上最后一片蛋糕，抹上淡奶油。

把打发的淡奶油用抹刀均匀地涂满整个蛋糕表面，剩余的奶油装入套有1M玫瑰花嘴的裱花袋中。

10

把备好的巧克力碎用橡皮刮刀均匀地轻拍在蛋糕表面。

11

取装有奶油的裱花袋，裱花嘴垂直于蛋糕表面，以顺时针绕圈的方式挤出花朵，从花朵中心挤出奶油，绕中心一圈。

12

装饰上巧克力碎和罐头樱桃，转移到蛋糕盘上即可。

Tips

传统黑森林蛋糕最重要的两个成分就是巧克力和樱桃。在奶油中加入适量樱桃酒可以让樱桃味更浓厚。

缤纷冰淇淋蛋糕

制作材料

抹面完毕的 6 寸加高粉色蛋糕（淡奶油）1 个
牛奶 30 克
黑巧克力 30 克
已打发淡奶油 100 克
粉色色素适量
趣多多饼干 1 块
奥利奥威化饼干 1 块
巧克力棒 2 根
马卡龙 1 个
奥利奥巧脆卷 2 根
脆皮空心桶 1 个
彩色糖粒适量
糖粉适量

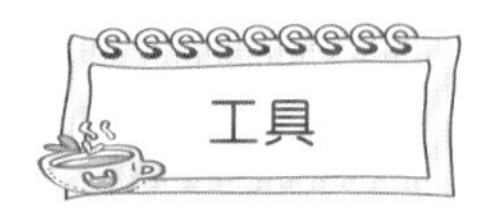

工具

大不锈钢盆 1 个
小不锈钢盆 2 个
抹刀 2 把
蛋糕架 1 个
勺子 1 把
冰箱 1 台
电动打蛋器 1 台
裱花袋 1 个

制作步骤

1

将牛奶隔水加热，倒入黑巧克力中，静置 3 分钟，搅拌均匀，制成巧克力甘纳许。

2

用两把抹刀从底部两侧将蛋糕转移到蛋糕架上。

左手转动转台，右手用勺子将巧克力甘纳许淋在蛋糕边缘，使巧克力甘纳许自然流至蛋糕侧面。

4

在蛋糕上表面均匀抹上巧克力甘纳许，在中心处留出一小块空白，冷藏片刻至凝固。

5

将适量粉色色素滴入已打发淡奶油中，用电动打蛋器搅打均匀，制成粉色淡奶油，装入裱花袋中，在裱花袋尖端剪一个小口。

6

将粉色淡奶油以“Z”字形手法挤在脆皮空心桶的内部。

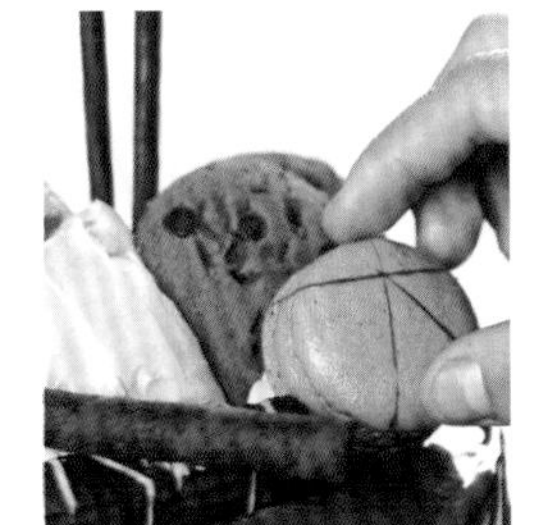

9

在奥利奥威化饼干上挤少许粉色淡奶油，将奥利奥巧脆卷交叉摆在奥利奥威化饼干上，在一旁放上马卡龙。

将脆皮空心筒斜扣在蛋糕表面，在底部挤上一些粉色淡奶油作为支撑，再在四周挤上粉色淡奶油并将表面抹平整。

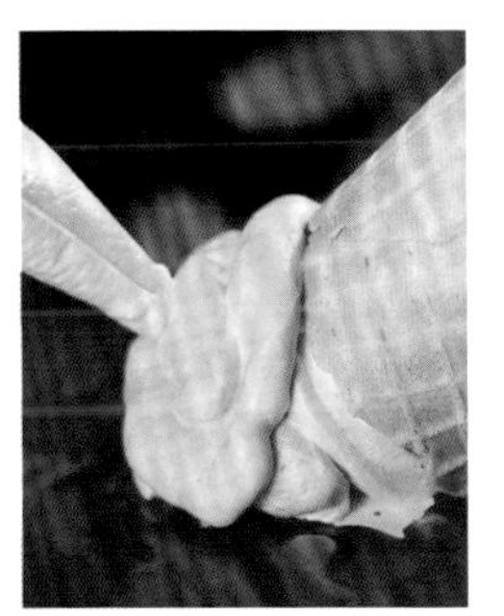

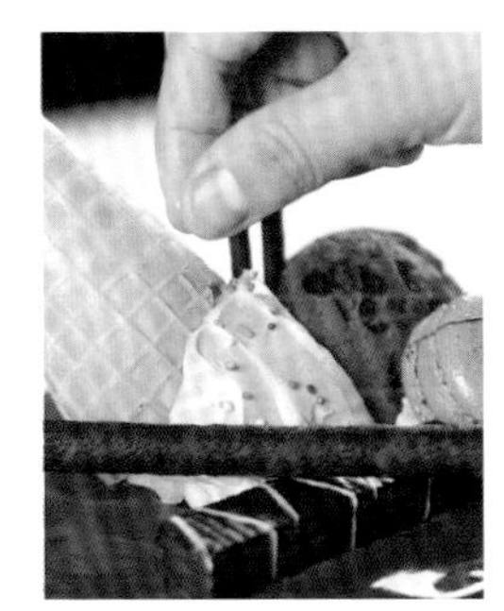

10

在粉色淡奶油上撒上一些彩色糖粒。

再放上趣多多饼干、奥利奥威化饼干，插上两根巧克力棒。

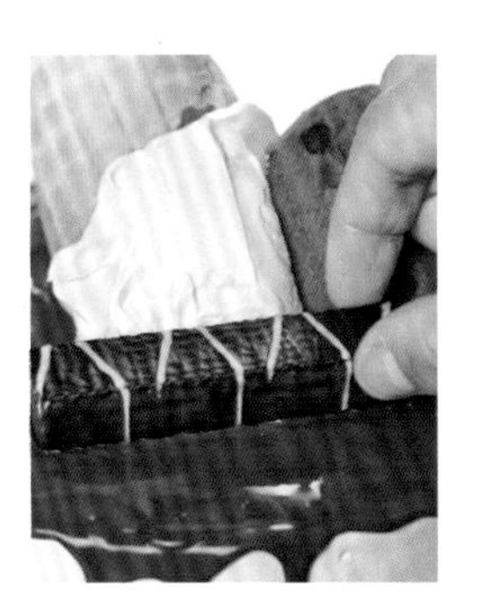

11

最后，在蛋糕上表面撒上一些糖粉即可。

Tips

蛋糕表面所用的装饰最好是食用当天完成，否则蛋糕放一晚后脆皮空心筒、马卡龙和饼干都会变软，影响口感。

哆啦A梦蛋糕

制作材料

夹心完毕的 6 寸海绵蛋糕
淡奶油 300 克
蓝色色素适量
黄色色素适量
巧克力果膏适量
红色果膏适量

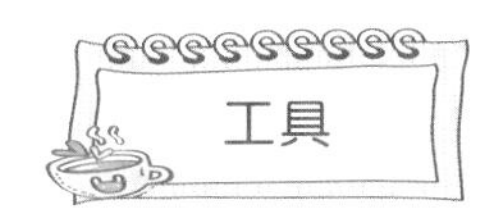

工具

大玻璃碗 1 个
小玻璃碗 3 个
电动打蛋器 1 台
抹刀 1 把
蛋糕台 1 个
蛋糕盘 1 个
裱花袋 5 个
不同大小的裱花嘴若干
牙签 1 根
233 号小草嘴 1 个
5 号小圆嘴 1 个
8 号中圆嘴 1 个

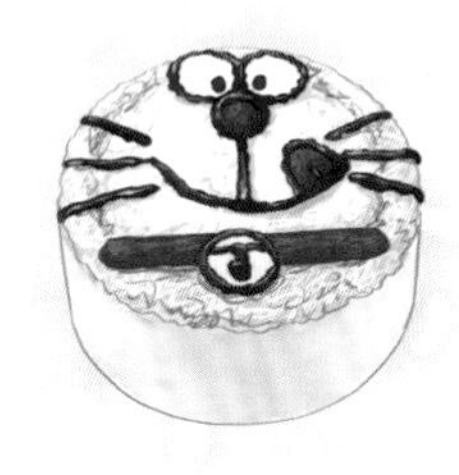

制作步骤

将淡奶油用电动打蛋器搅打至干性发泡。取其中一半分成 3 份，1 份为原味奶油，另外 2 份分别加入蓝色色素、黄色色素拌匀；将剩余的淡奶油用抹刀均匀涂抹在蛋糕表面。

将蛋糕放在蛋糕台上；把 3 份淡奶油分别装入套有 233 号小草嘴的裱花袋里；用牙签和其他裱花嘴工具的反面印出哆啦 A 梦的五官轮廓。

把巧克力果膏装入套有 5 号小圆嘴的裱花袋中，沿着压好的印记描画五官。

4

再将套有 233 号小草嘴的裱花袋中的 3 种颜色奶油分别挤入框架内，注意不要挤到巧克力果膏上。

5

用红色果膏装入套有 8 号中圆嘴的裱花袋中填充鼻子、舌头、颈带部位，再转移到蛋糕盘上即可。

欢乐童年

制作材料

抹面完毕的 6 寸浅黄色海绵蛋糕（淡奶油）1 个
彩色小糖片适量
意式奶油霜 50 克
粉色色素适量

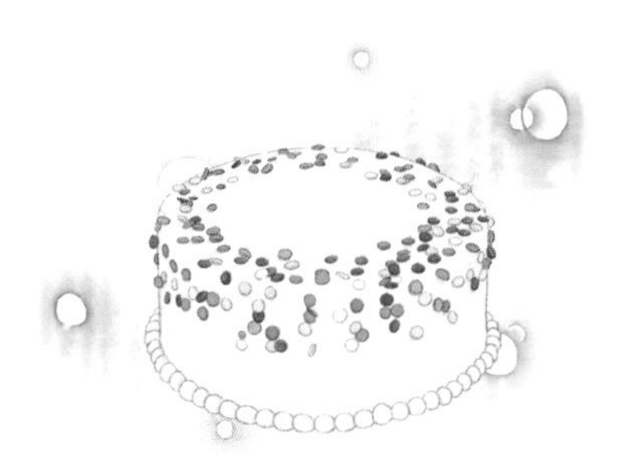

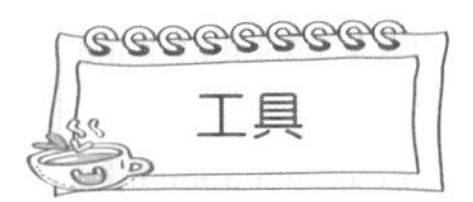

工具

电动打蛋器 1 台
小不锈钢盆 1 个
蛋糕台 1 个
蛋糕垫板 1 块
镊子 1 把
裱花袋 1 个
8 号中圆嘴

制作步骤

1. 将适量粉色色素滴入意式奶油霜中，用电动打蛋器搅打均匀，制成粉色奶油霜。

2. 将蛋糕放在蛋糕垫板上，一起转移到蛋糕台上，把彩色小糖片均匀摆放在蛋糕上表面的边缘。

3. 用镊子在蛋糕侧面的上半部分贴上彩色小糖片。

4. 将粉色奶油霜装入放有 8 号中圆嘴的裱花袋中，拧紧裱花袋口。

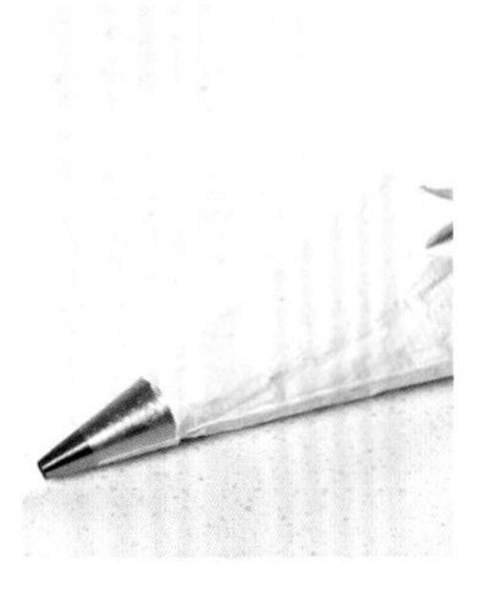

5. 裱花嘴与水平面呈 30° 角，在蛋糕底部挤出珍珠状奶油霜，重复此步骤，在蛋糕底部形成珍珠状围边即可。

夏日池塘

制作材料

抹面完毕的 6 寸白色海绵蛋糕 1 个
意式奶油霜 120 克
黄色色素适量
蓝色色素适量
绿色色素适量
白色色素适量
黑巧克力适量

工具

2 号小圆嘴 3 个
352 号叶子嘴 2 个
电动打蛋器 1 台
不锈钢碗 4 个
裱花袋 4 个
蛋糕架 1 个

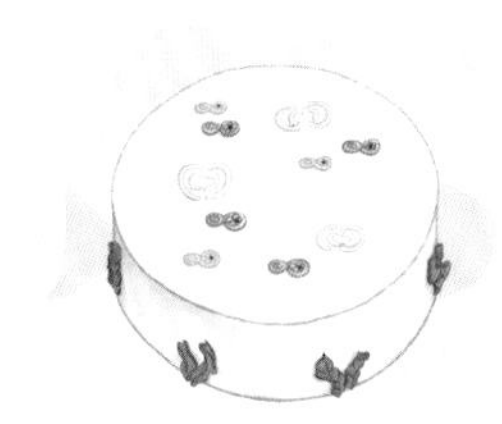

制作步骤

将意式奶油霜平均分成 4 份，其中 3 份分别滴入适量黄色色素、蓝色色素、绿色色素，用电动打蛋器搅打均匀，制成黄色奶油霜、蓝色奶油霜和绿色奶油霜。

2

将黄色奶油霜和蓝色奶油霜分别装入放有 2 号小圆嘴的裱花袋中，将绿色奶油霜装入放有 352 号叶子嘴的裱花袋中；把蛋糕放在蛋糕架上。

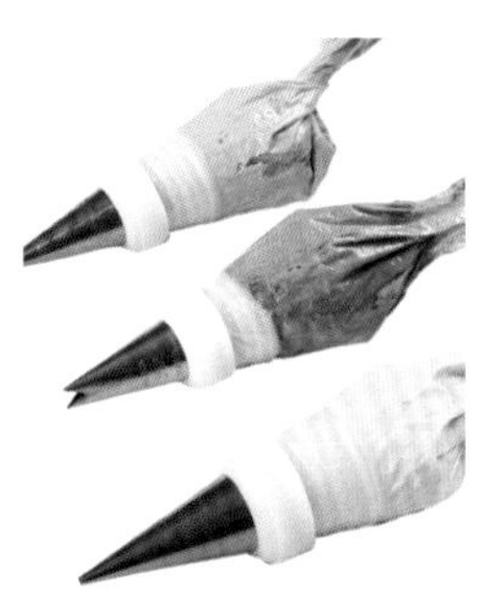

3

取蓝色奶油霜，裱花嘴垂直于蛋糕上表面，挤出奶油霜，画出一个横向的“8”字形，再将中间的空白填满，形成小鱼状。重复此步骤，挤出4条蓝色小鱼。黄色奶油霜也参照此方法操作。

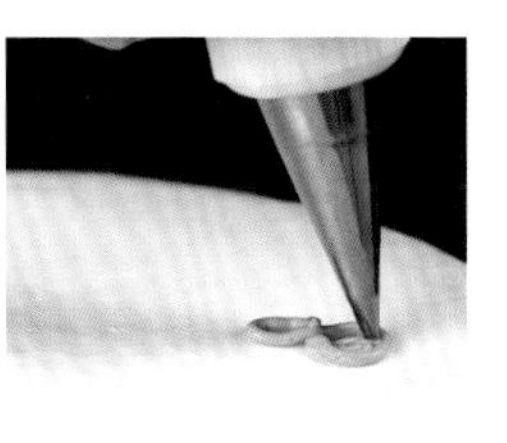

4

在剩余的一份意式奶油霜中滴入适量白色色素，用电动打蛋器搅打均匀，制成白色奶油霜，装入放有 2 号小圆嘴的裱花袋中，垂直于蛋糕上表面画上波纹。

5

取绿色奶油霜，裱花嘴与蛋糕侧面呈30° 角，从下往上挤出奶油霜，轻微抖动，拉出波纹状水草。

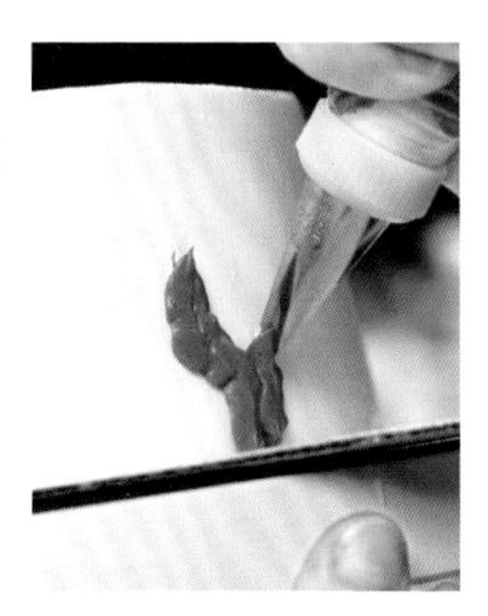

6

将黑巧克力隔水加热融化，装入裱花袋中，在裱花袋尖端剪一小口，在“8”字形奶油霜上挤上“小鱼”的眼睛即可。

雪野朝霞

制作材料

原味戚风蛋糕
蛋黄 45 克
细砂糖 55 克
盐 0.5 克
牛奶 55 毫升
植物油 26 毫升
低筋面粉 65 克
蛋白 110 克

奶油慕斯
鱼胶粉 4 克
细砂糖 15 克
牛奶 30 毫升
打发淡奶油 190 克
朗姆酒 8 毫升

蛋糕馅料
草莓粒、黄桃粒、火龙果粒共 100 克

装饰
淡奶油 30 克
橙色色素少许
粉色色素少许
草莓（对半切）1 个
蓝莓适量
葡萄（对半切成锯齿花形）1 个
水蜜桃块适量
透明果胶适量
可可粉少许
薄荷叶少许

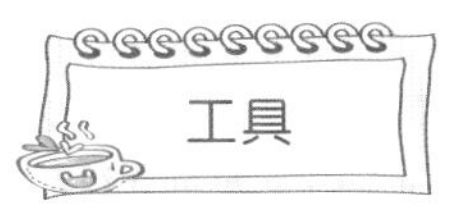

工具

大玻璃碗 4 个
小玻璃碗 2 个
手动打蛋器 1 个
电动打蛋器 1 台
网筛 1 个
橡皮刮刀 1 个
中空戚风模具 1 个
烤箱 1 台
小钢锅 1 个
大不锈钢盆 1 个
蛋糕台 1 个
蛋糕盘 1 个
裱花袋 2 个
抹刀 1 把
切刀 1 把
17 号小菊花嘴 1 个

制作步骤

1. 将蛋黄、10 克细砂糖倒入大玻璃碗中，用手动打蛋器搅拌均匀，倒入盐、牛奶、植物油，继续搅拌均匀。

2. 将低筋面粉过筛至大玻璃碗中，搅拌至无干粉的状态。

3. 取另一个大玻璃碗，倒入蛋白、45 克细砂糖，用电动打蛋器搅打至起泡、蓬松。

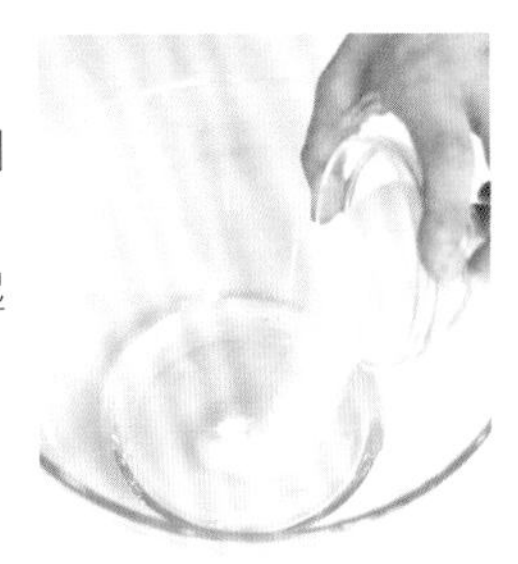

4. 将打好的蛋白分 3 次倒入打好的蛋黄糊中，边倒边搅打均匀，即成蛋糕糊。

5

将蛋糕糊倒入蛋糕模具中，再移入已预热至180℃的烤箱中层，烤约30分钟，取出，倒扣脱模，即成蛋糕坯。

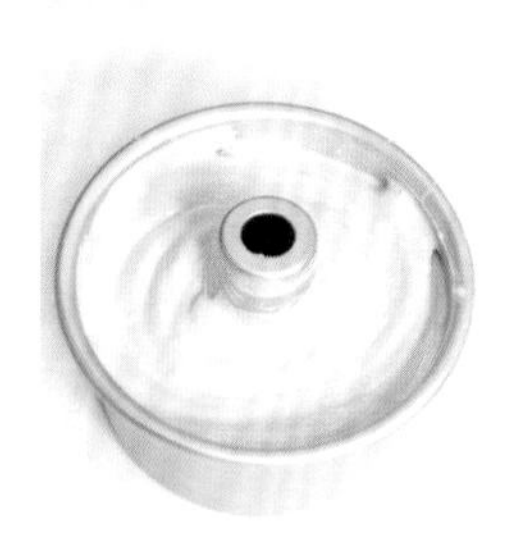

6

将牛奶、鱼胶粉、细砂糖倒入小钢锅里，边隔热水加热边搅拌均匀，分2次倒入装有打发淡奶油的大玻璃碗中。

7

倒入朗姆酒，用电动打蛋器将淡奶油继续打发，即成奶油慕斯。

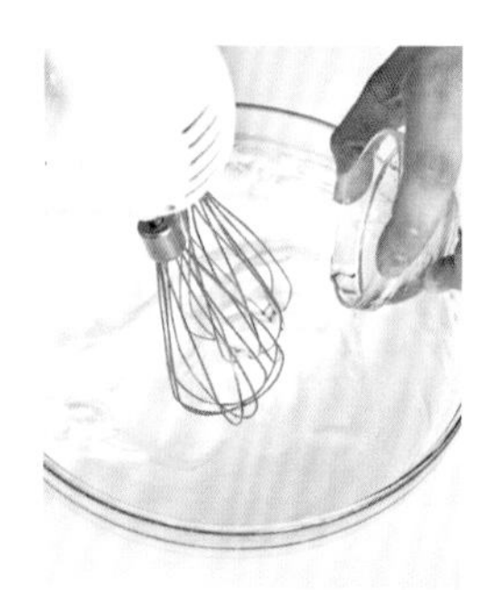

将蛋糕坯晾凉，切成3片，取一片放入蛋糕模具内，倒入一半的奶油慕斯，再放上蛋糕馅料中的草莓粒、黄桃粒、火龙果粒。

9

放上第2片蛋糕，倒上剩余奶油慕斯，再放上剩余的蛋糕馅料，放上最后一片蛋糕片，移入冰箱冷冻至凝固后取出，脱模，放在蛋糕盘上，再转移到蛋糕台上。

10

将装饰材料中的淡奶油打发成原味奶油，分成2份；取第1份原味奶油中的一半用抹刀均匀涂抹在蛋糕表面，再把剩余的一半原味奶油装入裱花袋中，剪一个小口。

11

取第2份原味奶油对半分开，一半滴入粉色色素，用橡皮刮刀翻拌均匀，制成粉色奶油。

12

在蛋糕坯侧面间隔一定距离涂抹粉色奶油，把原有的原味奶油和粉色奶油用抹刀混合抹匀。

13

在第 2 份原味奶油的另一半中滴入橙色色素，用橡皮刮刀翻拌均匀，制成橙色奶油，装入套有 17 号小菊花嘴的裱花袋中。

15

在蛋糕底部，把裱花嘴与平面呈 60° 角挤上橙色奶油，并快速拉起呈星形，重复此步骤，绕蛋糕一周，形成围边。

用装有原味奶油的裱花袋来回随意挤在蛋糕上表面。

16

放上装饰水果、薄荷叶点缀，刷上透明果胶，最后筛上可可粉即可。

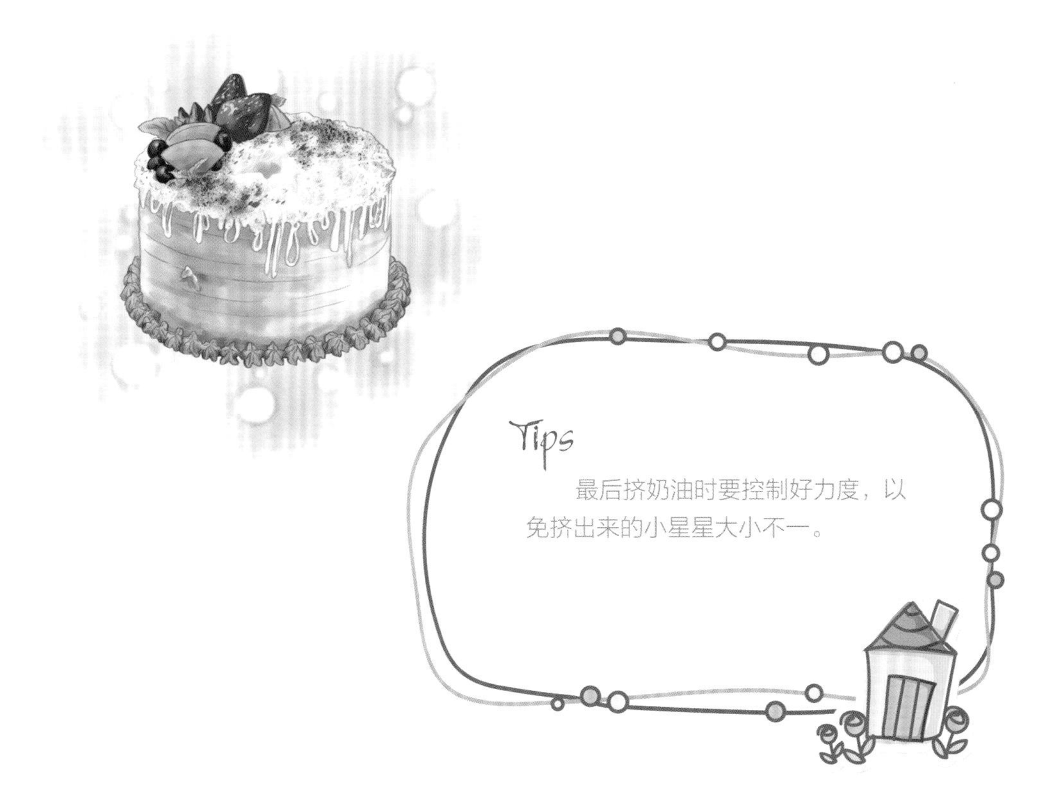

Tips

最后挤奶油时要控制好力度，以免挤出来的小星星大小不一。

巧克力毛毯

制作材料

海绵蛋糕体
鸡蛋 110 克
细砂糖 60 克
无盐黄油 20 克
香草精 2 克
低筋面粉 45 克
杏仁粉 30 克
泡打粉 2 克

糖酒液
水 60 毫升
细砂糖 30 克
朗姆酒 20 毫升

巧克力奶油
淡奶油 280 克
黄糖糖浆 15 克
黑巧克力 140 克

装饰
核桃仁适量
开心果仁适量
巧克力液适量

工具

大玻璃碗 3 个
电动打蛋器 1 台
网筛 1 个
橡皮刮刀 1 个
方形模具 1 个
烤箱 1 台
小玻璃碗 1 个
平底锅 1 个
抹刀 1 把
切刀 1 把
蛋糕台 1 个
蛋糕盘 1 个
刷子 1 把
裱花袋 1 个
22 号菊花嘴 1 个

制作步骤

1. 将鸡蛋放入无水、无油的大玻璃碗中，加入细砂糖和香草精，隔热水持续搅打至鸡蛋浓稠发白。

2. 加入加热融化的无盐黄油，搅拌均匀至细腻光滑的状态。

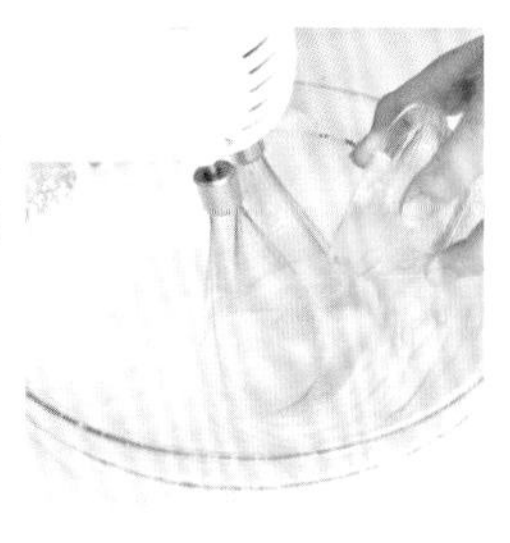

3. 筛入杏仁粉、低筋面粉、泡打粉，用橡皮刮刀翻拌均匀成面糊。

4. 将面糊倒入方形模具中，放入预热至 180℃的烤箱中层烘烤25～30分钟。

5

将水、细砂糖和朗姆酒混匀，制成糖酒液。

6

将80克淡奶油置于锅中，加入黄糖糖浆，搅拌均匀至液面边缘冒小泡，关火。

7

倒入黑巧克力碗中，搅拌至巧克力完全融化，制成巧克力奶油。

8

将200克淡奶油放入新的大玻璃碗中快速打发，分次加入到巧克力奶油中，搅拌均匀。

9

将烤好的海绵蛋糕取出，放凉，横刀切片，其中一片的表层抹上一层巧克力奶油，放在蛋糕盘上，再转移到蛋糕台上。

10

取另一片海绵蛋糕片，在表面涂糖酒液，将有糖酒液的一面盖在巧克力奶油上。

11

再重复抹巧克力奶油、刷糖酒液、盖上蛋糕片的步骤，把剩余的巧克力奶油倒入装有22号菊花嘴的裱花袋中。

12

裱花嘴与上表面边缘呈60°角，挤满横条奶油霜，再垂直于横条奶油霜，挤上奶油霜并向下收口至呈贝壳状，前后排交错重复此步骤，挤满蛋糕表面，再点缀核桃仁、开心果仁、巧克力液即可。

粒粒鲜果

制作材料

6 寸海绵蛋糕坯 1 个
淡奶油 280 克
细砂糖 28 克
芒果 50 克
奇异果 50 克
草莓 50 克

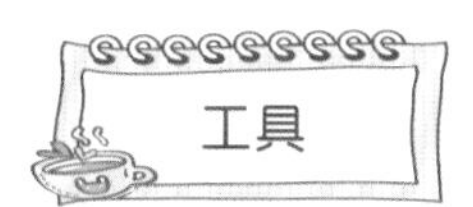

工具

1M 玫瑰花嘴 1 个
不锈钢盆 1 个
电动打蛋器 1 台
蛋糕台 1 个
裱花袋 1 个
切刀 1 把
蛋糕台 1 个
蛋糕架 1 个
抹刀 2 把
刮板 1 个
锯齿刮板 1 块
1M 玫瑰花嘴 1 个

制作步骤

1

将 180 克淡奶油及 18 克细砂糖倒入不锈钢盆中，用电动打蛋器快速打至九分发。

2

取 6 寸海绵蛋糕坯，用切刀在蛋糕坯侧面绕一圈定位，平行切开蛋糕坯，平均切分成 3 片即可。

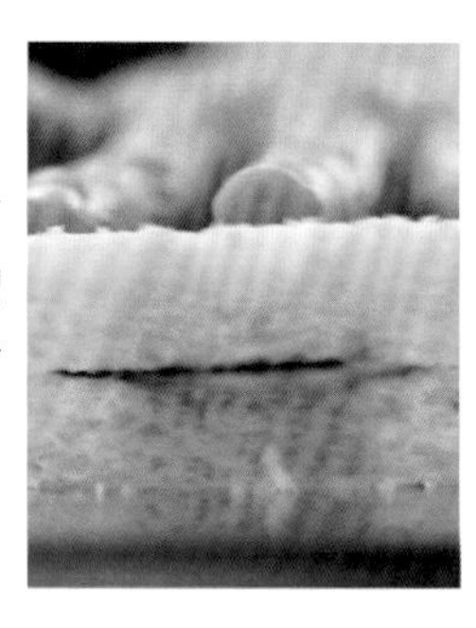

3

将一片蛋糕片放到蛋糕台中心位置，表面抹上一层已打发的淡奶油，均匀放上一层芒果片，再均匀抹上一层已打发的淡奶油。

4

再放上一层蛋糕片，压平，压实。再重复一次步骤 3 即可。

5

在夹心完毕的蛋糕表面抹一层薄薄的已打发的淡奶油。

6

在蛋糕上表面倒上剩余的已打发淡奶油，先抹平上表面。再将多余的已打发淡奶油抹至侧面。

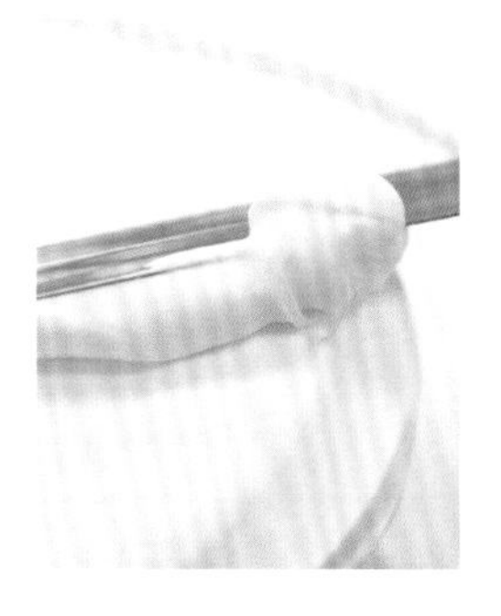

7

再用抹刀和刮板修整，每次修整后必须擦去抹刀和刮板上多余的已打发淡奶油。

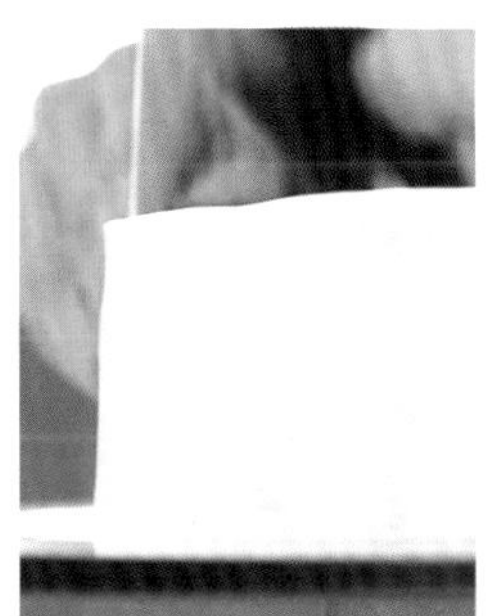

抹面完毕后用锯齿刮板在侧面刮出纹路，左手转动蛋糕台，右手定住刮板即可。

用两把抹刀从蛋糕底部两侧将蛋糕转移到蛋糕架上。

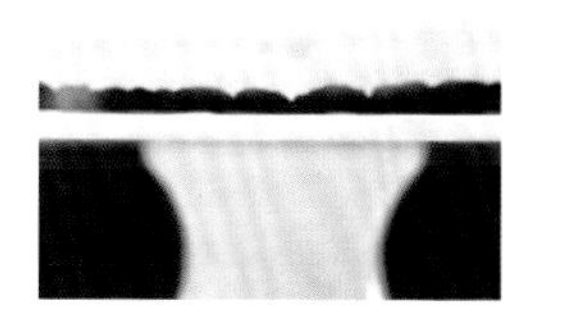

10

将剩余的100克淡奶油及10克细砂糖用电动打蛋器打至十分发，装入放有1M玫瑰花嘴的裱花袋中。

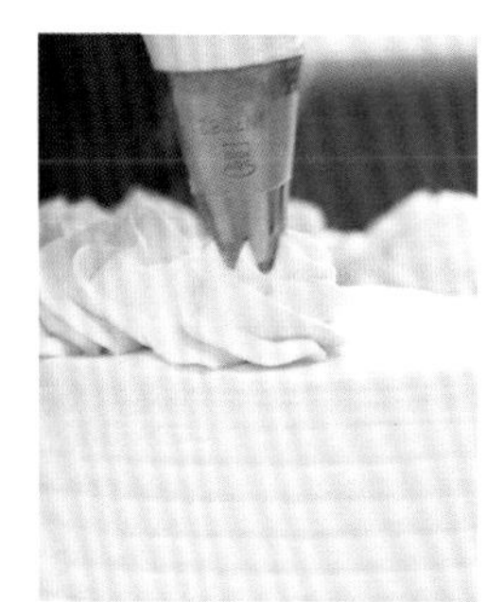

11

裱花嘴垂直于蛋糕边缘，从花朵中心开始挤出已打发的淡奶油，绕中心一圈，即完成一朵玫瑰花，将花朵挤满蛋糕边缘。

在蛋糕上表面中间均匀放上奇异果、草莓和芒果即可。

Tips

蛋糕上表面的新鲜水果放置一晚后会出现发黑现象，可在水果表面上涂一层果胶，以避免这种情况发生。

层出不穷

制作材料

抹面完毕的 6 寸海绵蛋糕 1 个
意式奶油霜 470 克
蓝色色素适量

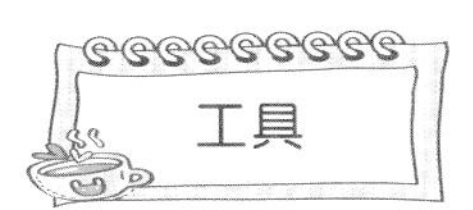

工具

104 号花瓣嘴 1 个　裱花袋 1 个
尺子 1 把　蛋糕垫板 1 块
电动打蛋器 1 台　蛋糕台 1 个

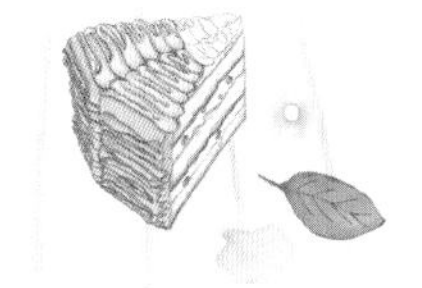

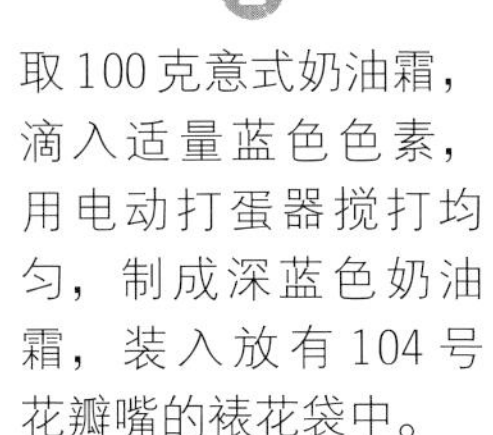

制作步骤

1

把蛋糕放在蛋糕垫板上，转移到蛋糕台上，用尺子轻轻在表面进行定位，将蛋糕上表面轻轻平均分割成 12 等份，再沿蛋糕上表面的分割线将蛋糕侧面垂直分割成 12 等份。

2

取 100 克意式奶油霜，滴入适量蓝色色素，用电动打蛋器搅打均匀，制成深蓝色奶油霜，装入放有 104 号花瓣嘴的裱花袋中。

3

裱花嘴垂直朝下（开口较大的一端在内侧），靠近蛋糕底部边缘，按步骤 1 的定位以“Z”字形挤出奶油霜，由下至上挤 3 个“Z”字即完成一列，重复此步骤，绕蛋糕挤满一圈。

4

将剩余的深蓝色奶油霜与 100 克意式奶油霜搅打均匀，制成蓝色奶油霜，参照步骤 3 的方法在已完成的奶油霜上部挤出蓝色“Z”字形奶油霜。

5

参照步骤 4 的方法调出 100 克浅蓝色奶油霜并挤满蛋糕侧面。

6

参照步骤 4 的方法调出 100 克蓝绿色奶油霜，裱花嘴与蛋糕上表面呈 30° 角，按照步骤 1 的定位由外向内挤出 5 个“Z”字形奶油霜，注意越往蛋糕中间“Z”字要越小。

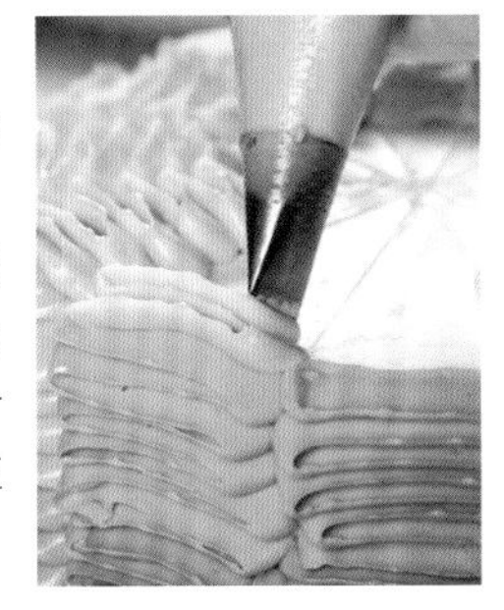

7

最后，用剩下的 70 克意式奶油霜在蛋糕上表面空白部分挤满“Z”字形奶油霜即可。

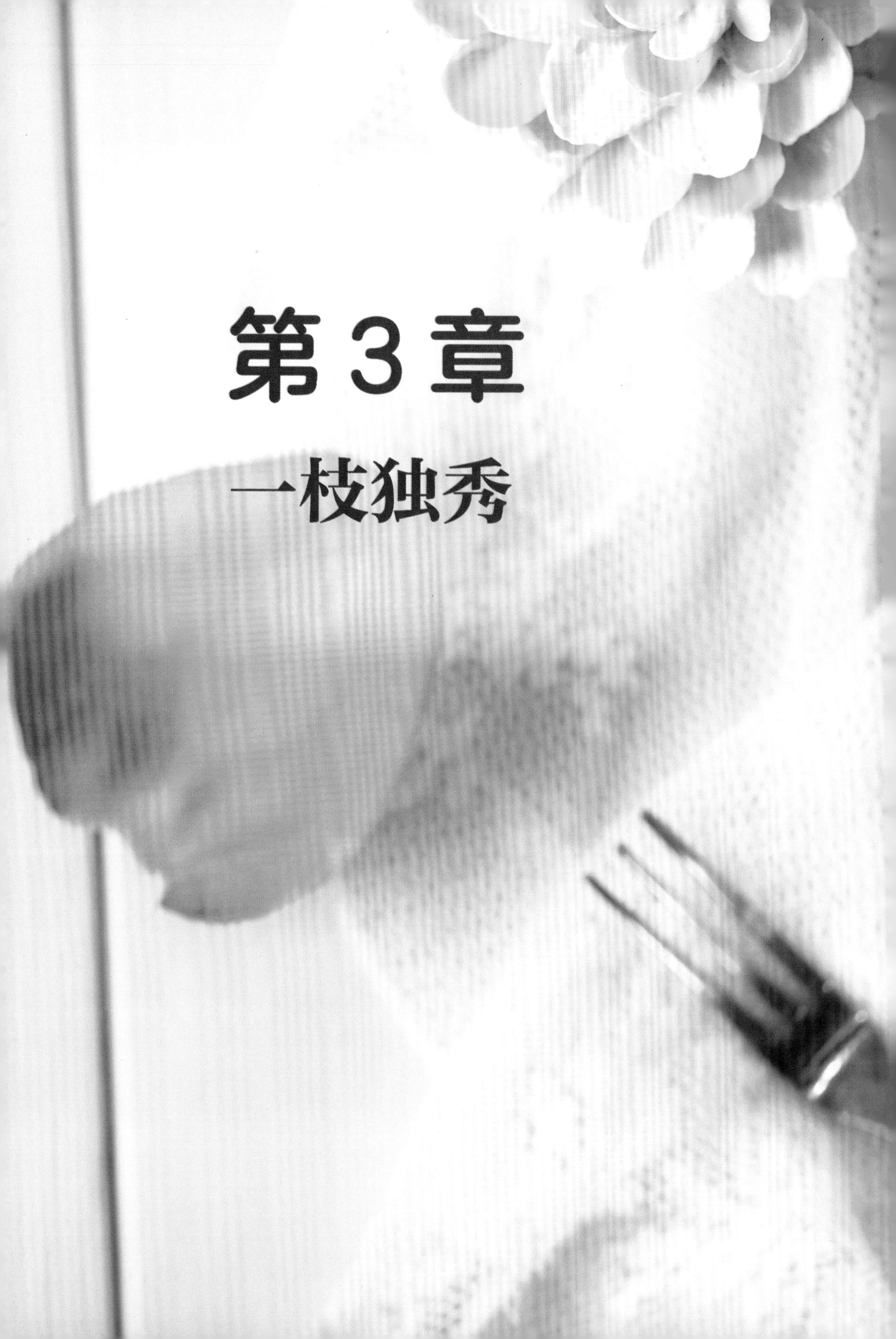

第3章

一枝独秀

巧克力恋情

制作材料

抹面完毕的 6 寸巧克力海绵蛋糕 1 个
意式奶油霜 200 克
黑巧克力 80 克
牛奶 20 克
白色小糖珠适量

工具

104 号花瓣嘴 1 个
8 号中圆嘴 1 个
裱花袋 2 个
蛋糕台 1 个
蛋糕盘 1 个

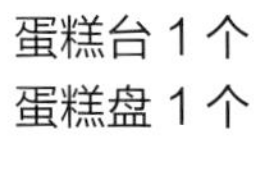

制作步骤

1

将牛奶隔水加热，倒入黑巧克力，搅拌至融化，再倒至 200 克意式奶油霜中，搅拌均匀，制成巧克力奶油霜。

2

将 150 克巧克力奶油霜装入放有 104 号花瓣嘴的裱花袋中，拧紧裱花袋口；把蛋糕放在蛋糕盘上，再转移到蛋糕台上。

3

裱花嘴与蛋糕边缘呈 30° 角，开口较大一端朝内，左手转动转台，右手挤出弧形花瓣，开始和收尾时力度较小，挤至花瓣中间时力度增大，稍微抖动可挤出褶皱效果。

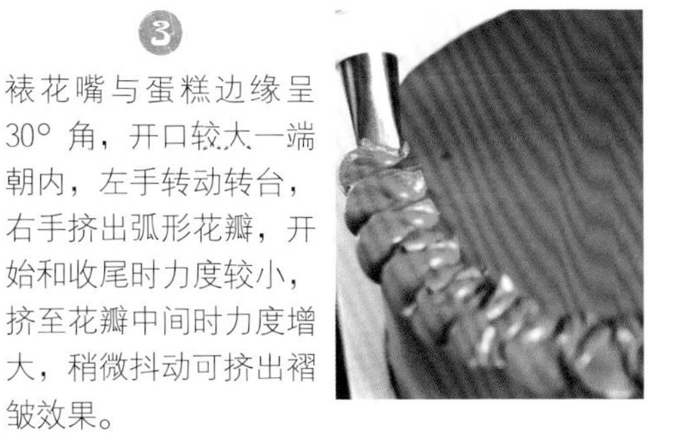

4

参照步骤 3 的方法在第 1 圈花瓣内侧相错挤出第 2 圈花瓣，注意第 2 圈花瓣与第 1 圈花瓣约有 1/2 重合，不要分隔太大。

5

参照步骤 4 的方法，在蛋糕上表面由外向内挤上 5 圈花瓣，覆盖满蛋糕上表面。

6

在蛋糕中心撒上适量白色小糖珠作为花蕊。

7

将剩余的 50 克巧克力奶油霜装入放有 8 号中圆嘴的裱花袋中，裱花嘴与平面呈 30° 角，在蛋糕底部挤出珍珠状奶油霜，重复此步骤，制成珍珠状围边即可。

阳光向日葵

抹面完毕的长方形蛋糕 1 个
意式奶油霜 150 克
绿色色素适量
黄色色素适量
黑巧克力 20 克
牛奶 5 克

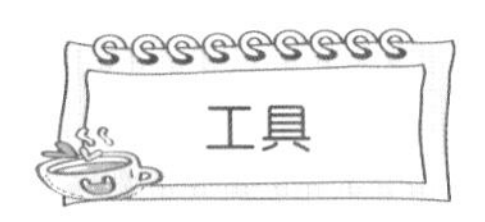

366 号大叶子嘴 1 个
3 号小圆嘴 1 个
14 号小锯齿嘴 1 个
352 号叶子嘴 1 个
抹刀 2 把
蛋糕盘 1 个
不锈钢碗 3 个
裱花袋 4 个
圆形饼干模 1 个

1

用两把抹刀从蛋糕底部两侧将蛋糕转移到蛋糕盘中，轻轻从底下抽出抹刀。

2

将 100 克意式奶油霜平均分成两份，分别加入适量绿色色素和黄色色素，调成鲜绿色奶油霜和亮黄色奶油霜。

3

将亮黄色奶油霜装入放有 366 号大叶子嘴的裱花袋，40 克鲜绿色奶油霜装入放有 3 号小圆嘴的裱花袋。

4

将牛奶加热，倒入黑巧克力中，静置3分钟，搅拌均匀，倒入 50 克意式奶油霜中，制成巧克力奶油霜，装入放有 14 号小锯齿嘴的裱花袋中。

5

用圆形饼干模在蛋糕上表面接近窄边边缘的位置印出花之中部的印痕。

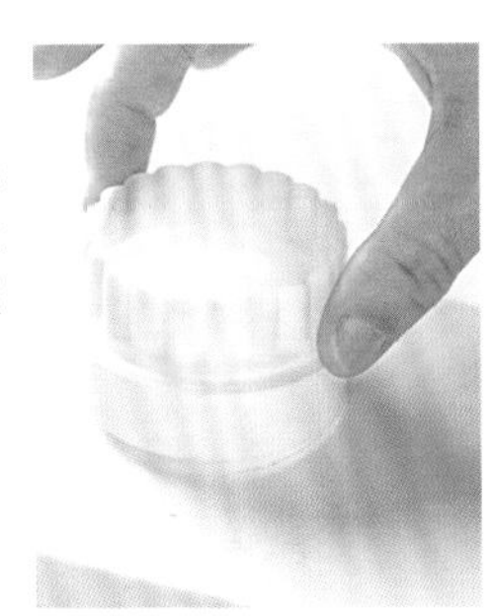

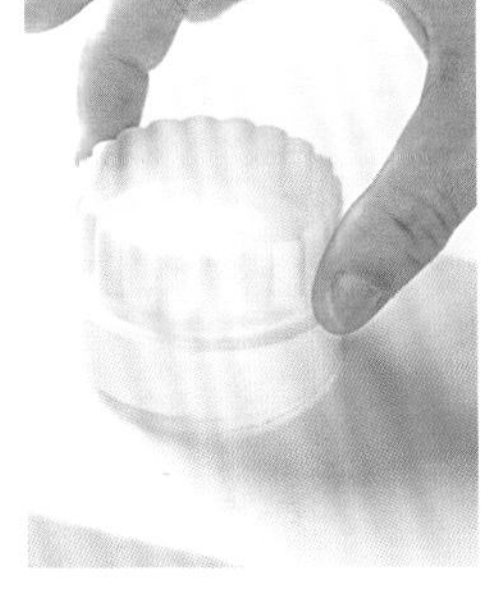

6

取巧克力奶油霜，将裱花嘴垂直蛋糕上表面，从花中心边缘开始以绕圈的方式挤出，将花中心填满，需填充两层，至稍高于蛋糕表面。

在花中心上面垂直以圆圈的轨迹挤出小星星状奶油霜，至填充满整个花中心，注意尽量不要留出间隙。

用鲜绿色奶油霜从花中心拉出 7 条直线，作为花茎。

9

用亮黄色奶油霜从花中心向外拉出第 1 层花瓣，裱花嘴需与蛋糕平面呈 30° 角，开口与花中心垂直，挤满花中心一圈。

10

在第 1 层花瓣的空隙上部相错拉出第 2 层花瓣。

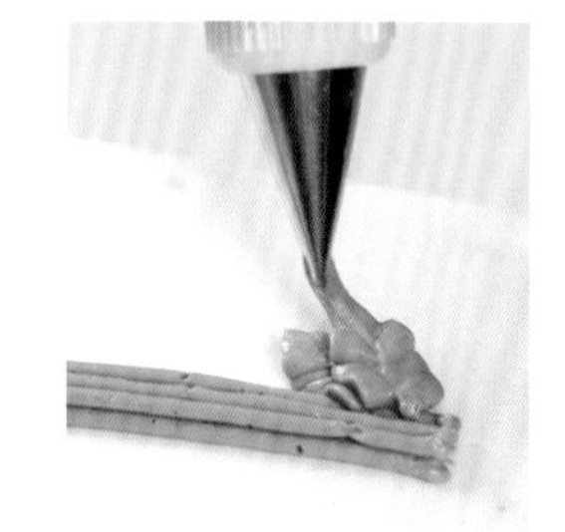

11

将剩余 10 克鲜绿色奶油霜装入 352 号叶子嘴中，在花茎底部画出叶子。挤出奶油时，手需轻微抖动，做出叶子的纹路即可。

缤纷缎带花杯子蛋糕

制作材料

杯子蛋糕 3 个
意式奶油霜 150 克
紫红色色素适量
浅紫色色素适量
黄色色素适量
橙色色素适量

工具

104 号花瓣嘴 1 个
102 号花瓣嘴 1 个
不锈钢碗 5 个
电动打蛋器 1 台
裱花钉若干
蓝丁胶若干
裱花袋 2 个

制作步骤

1

将 150 克意式奶油霜平均分成 4 份，分别滴入适量紫红色色素、浅紫色色素、黄色色素和橙色色素，用电动打蛋器搅打均匀，做成奶油霜。

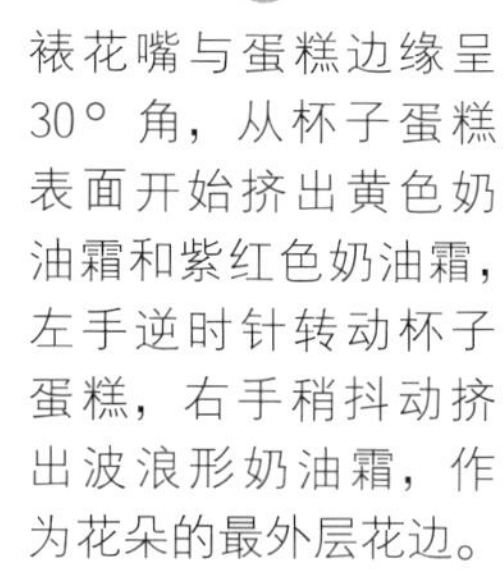

2

在裱花钉上贴上蓝丁胶，再将杯子蛋糕放在上面，以便操作。

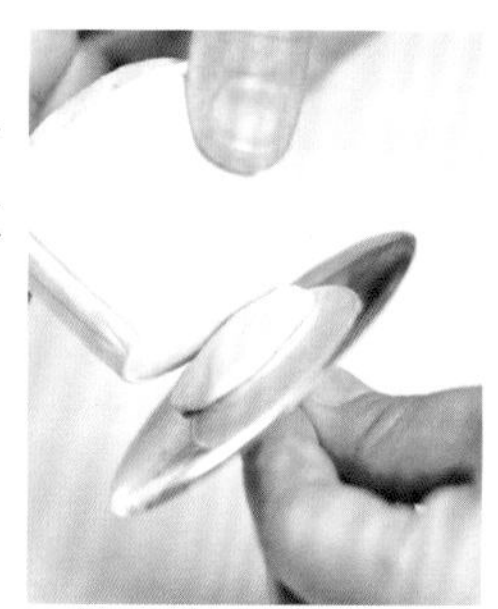

3

将紫红色奶油霜、黄色奶油霜分别装入放有 104 号花瓣嘴的裱花袋中。

4

裱花嘴与蛋糕边缘呈 30° 角，从杯子蛋糕表面开始挤出黄色奶油霜和紫红色奶油霜，左手逆时针转动杯子蛋糕，右手稍抖动挤出波浪形奶油霜，作为花朵的最外层花边。

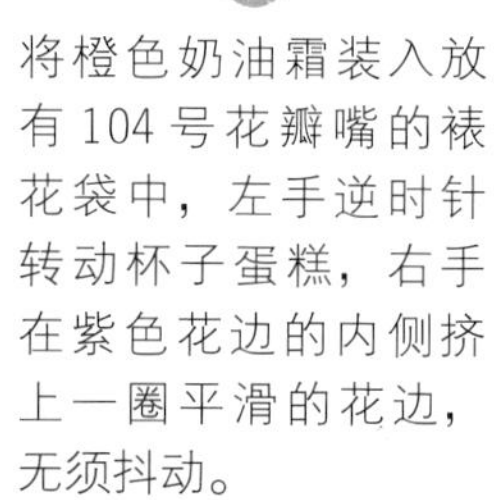

5

将橙色奶油霜装入放有 104 号花瓣嘴的裱花袋中，左手逆时针转动杯子蛋糕，右手在紫色花边的内侧挤上一圈平滑的花边，无须抖动。

6

参照步骤 5 的方法挤上第 2 圈平滑的橙色奶油霜花边。

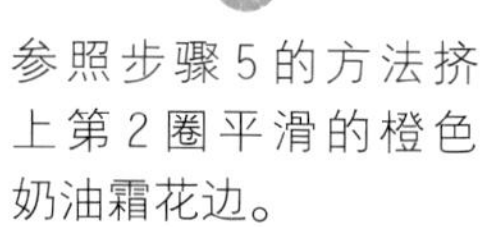

7

再用橙色奶油霜参照步骤4的方法在平滑的橙色奶油霜花边上挤出波浪形花边。

将浅紫色奶油霜装入放有102号花瓣嘴的裱花袋，参照步骤5的方法挤上一圈平滑的花边。

9

用黄色奶油霜参照步骤8的方法挤出花边。

10

最后，用浅紫色奶油霜参照步骤4的方法在最上层挤上小波浪花边即可。

圣诞花杯子蛋糕

制作材料

杯子蛋糕 2 个
意式奶油霜 70 克
红色色素适量
白色色素适量

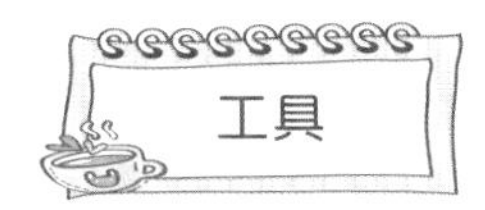

工具

2 号小圆嘴 1 个
366 号大叶子嘴 1 个
电动打蛋器 1 台
裱花袋 2 个

制作步骤

将意式奶油霜分成两份，一份 10 克，一份 60 克。分别滴入适量红色色素和白色色素，用电动打蛋器搅打均匀，制成 10 克红色奶油霜和 60 克白色奶油霜。

将白色奶油霜装入放有 366 号大叶子嘴的裱花袋中，拧紧裱花袋口。

③

裱花嘴与杯子蛋糕表面呈 30° 角，挤出奶油霜，轻轻向外拉出，开始挤出奶油霜时需用力较大，拉出时减小力度，挤出类似三角形的花瓣，再挤两片相同花瓣，整体呈大三角形状。

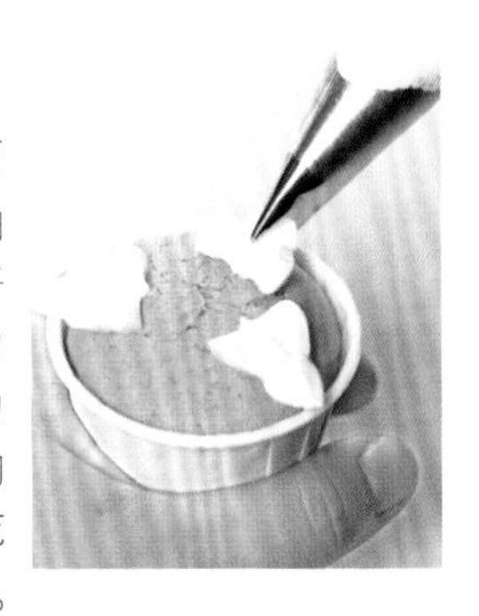

④

在步骤 3 的花瓣之间再挤上 3 片花瓣，完成第 1 圈花瓣。

⑤

在第 1 圈花瓣的内侧参照步骤 3 及步骤 4 的方法挤出第 2 圈花瓣，第 2 圈花瓣要稍小于第 1 圈花瓣。

⑥

将红色奶油霜装入放有 2 号小圆嘴的裱花袋中，裱花嘴垂直于花朵的中心，挤出若干个红色小圆点作为花蕊即可。

奶油狮子花杯子蛋糕

杯子蛋糕 3 个
淡奶油 150 克
细砂糖 20 克
浓缩橙汁适量
巧克力液适量

大玻璃碗 1 个
电动打蛋器 1 台
裱花袋 3 个
17 号小菊花嘴 1 个

1. 将淡奶油放入大玻璃碗中，加入细砂糖。

2. 用电动打蛋器快速把淡奶油打发好，取少许装入裱花袋中。

3. 剩余的打发奶油分成两份，分别加入浓缩橙汁和巧克力液，搅打至可呈鹰钩状；巧克力奶油直接装入裱花袋中；橙汁奶油装入套有 17 号小菊花嘴的裱花袋中。

4. 把裱花嘴与平面呈 60° 角挤上橙汁奶油，并快速拉起呈星形；重复此步骤，由外至内挤 2 圈，作为狮子的毛发。

5. 在装有原味奶油的裱花袋尖端处剪一小口，挤在橙汁奶油内部，作为狮子鼻子两旁的装饰。

6. 在装有巧克力奶油的裱花袋尖端处剪一小口，挤上眼睛和鼻子。其余依次操作即可。

绿洲仙人球杯子蛋糕

制作材料

抹茶杯子蛋糕 6 个
淡奶油 200 克
细砂糖 20 克
抹茶粉 4 克
可食用银珠少许
彩针糖少许

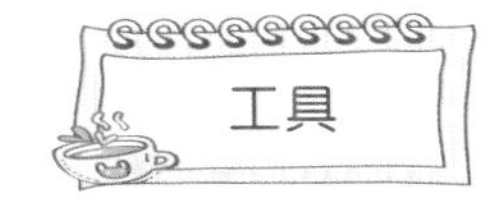

工具

大玻璃碗 1 个
电动打蛋器 1 台
裱花袋 4 个
1M 玫瑰花嘴 1 个
22 号菊花嘴 1 个

制作步骤

1

将淡奶油、细砂糖装入大玻璃碗中，用电动打蛋器打发，制成原味淡奶油糊。

2

取出一半打发淡奶油，倒入抹茶粉，继续搅打均匀，制成抹茶淡奶油糊。

3

将原味奶油糊和抹茶淡奶油糊分别装入裱花袋中。

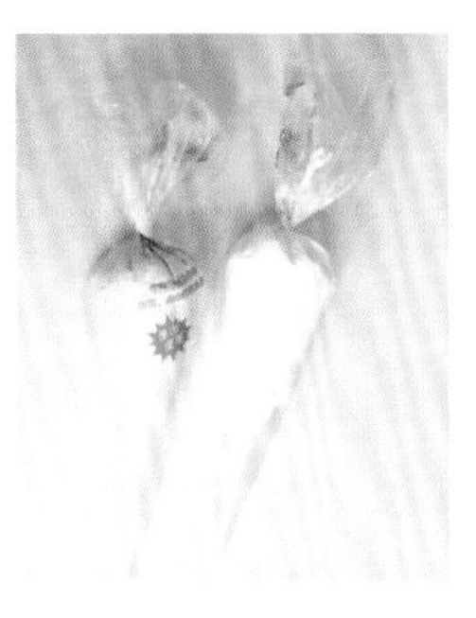

4

将原味淡奶油糊和抹茶淡奶油糊一起挤入带有 1M 玫瑰花嘴的裱花袋和 22 号菊花嘴的裱花袋中，制成混合奶油糊。

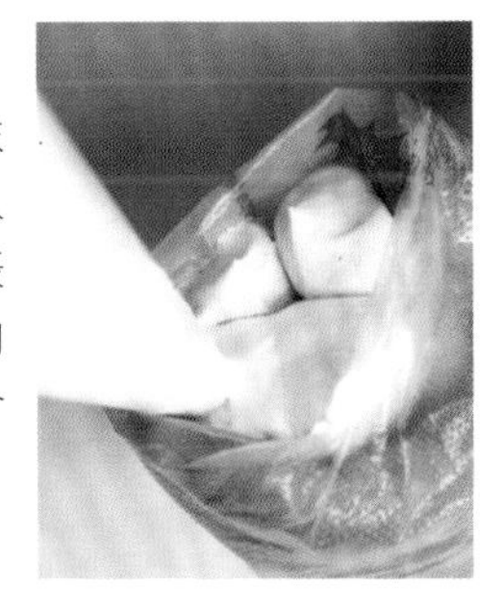

5

将装有 22 号菊花嘴的裱花袋的裱花嘴呈 60° 角对准杯子蛋糕边缘，挤出奶油霜，轻轻旋转向上拔起。

6

再将裱花嘴垂直于杯子蛋糕上表面，从杯子蛋糕边缘开始挤出奶油霜，由外向内绕圈，直至挤满杯子蛋糕上表面，点缀彩针糖和可食用银珠即可。

爱的礼物杯子蛋糕

杯子蛋糕 3 个
意式奶油霜 210 克
浅紫色色素适量
紫色色素适量
橙色色素适量

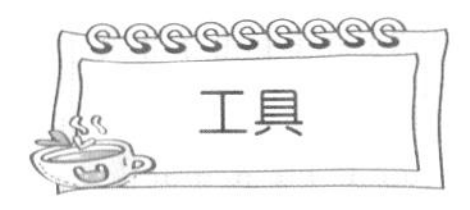

104 号花瓣嘴 3 个
电动打蛋器 1 台
不锈钢碗 3 个
裱花袋 3 个

1

将210克意式奶油霜平均分成3份，分别滴入适量浅紫色色素、紫色色素和橙色色素，用电动打蛋器搅打均匀，制成浅紫色奶油霜、紫色奶油霜和橙色奶油霜。

2

将浅紫色奶油霜装入放有104号花瓣嘴的裱花袋中，拧紧裱花袋口。

3

裱花嘴与杯子蛋糕表面呈45° 角，开口较大的一端贴近表面中心，用力均匀地挤出波浪形奶油霜，右手抖动着挤出奶油霜，左手转动杯子蛋糕，至蛋糕表面挤满奶油霜。

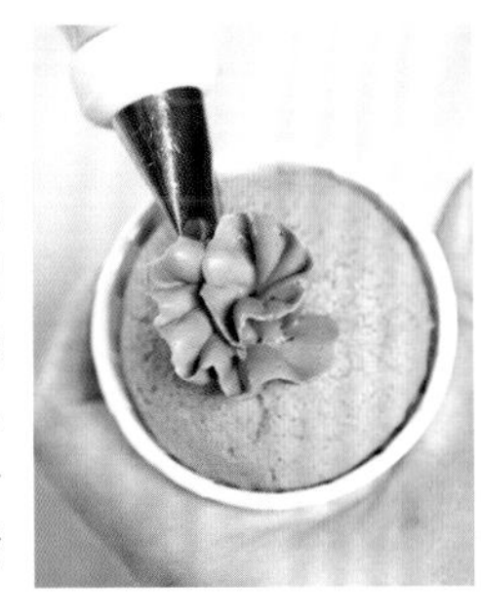

4

将紫色奶油霜装入放有104号花瓣嘴的裱花袋中，参照步骤3的方法做出紫色康乃馨杯子蛋糕。

5

将橙色奶油霜装入放有104号花瓣嘴的裱花袋中，参照步骤3的方法做出橙色康乃馨杯子蛋糕。

双色旋风杯子蛋糕

制作材料

杯子蛋糕 2 个
意式奶油霜 100 克
黑巧克力 20 克
牛奶 5 克

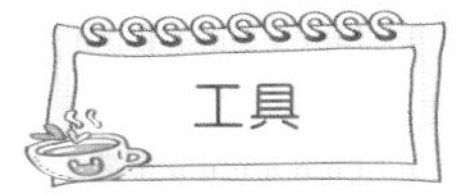

工具

1M 玫瑰花嘴 1 个
不锈钢盆 1 个
电动打蛋器 1 台
裱花袋 3 个

制作步骤

1
将牛奶和巧克力倒入不锈钢盆中，隔水加热至融化，搅拌均匀。

2
倒入 50 克意式奶油霜中，搅打均匀，制成巧克力奶油霜。

3
将巧克力奶油霜和意式奶油霜分别装入裱花袋中，在尖端处剪出相同大小的小口。

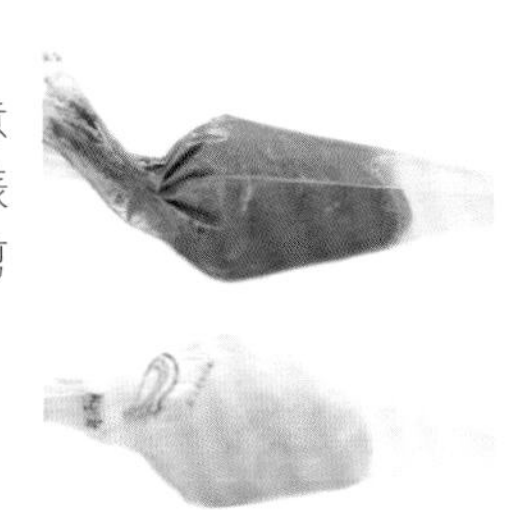

4
取一个新的裱花袋，放入 1M 玫瑰花嘴，将步骤 3 中的两个裱花袋装入，将奶油霜挤入新的裱花袋中。

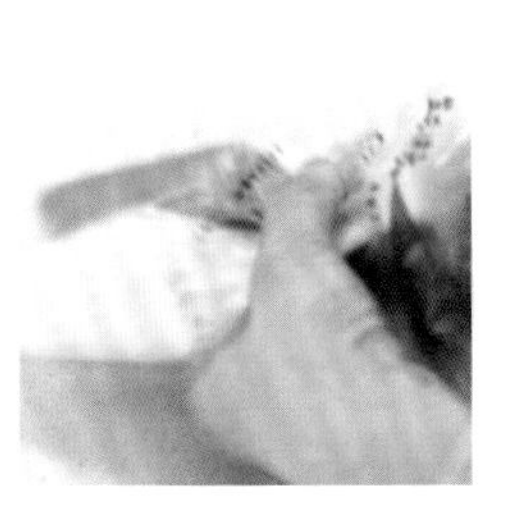

5
裱花嘴垂直于杯子蛋糕上表面，从杯子蛋糕边缘开始挤出奶油霜，由外向内绕圈，直至挤满杯子蛋糕上表面为止。

花花杯子蛋糕

杯子蛋糕 2 个
意式奶油霜 60 克
粉色色素适量
粉色大糖珠 2 颗

1M 玫瑰花嘴
电动打蛋器 1 台
裱花袋 3 个

1

将适量粉色色素滴入30克意式奶油霜中，搅拌均匀，制成深粉色意式奶油霜。

2

将少量粉色色素滴入30克意式奶油霜，用电动打蛋器搅打均匀，制成淡粉色意式奶油霜。

3

将深粉色奶油霜装入裱花袋中，在裱花袋尖端处剪一个小口。将淡粉色奶油霜装入裱花袋中，在尖端处剪出同样大小的口。

4

取一个新的裱花袋，装入1M玫瑰花嘴，将深粉色奶油霜和淡粉色奶油霜挤至新的裱花袋中。

5

裱花嘴垂直于杯子蛋糕上表面，从边缘开始挤出奶油霜，由外向杯子蛋糕中心绕圈，直至挤满杯子蛋糕上表面。

6

最后，在奶油霜顶端放上粉色大糖珠即可。

粉色玫瑰杯子蛋糕

杯子蛋糕 2 个
意式奶油霜 60 克
粉色色素适量
翻糖叶子 2 片

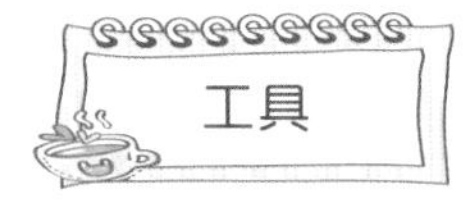

1M 玫瑰花嘴 1 个
电动打蛋器 1 台
裱花袋 1 个

1. 将适量粉色色素滴入意式奶油霜中，用电动打蛋器搅打均匀，制成粉色奶油霜。

2. 将粉色奶油霜装入放有 1M 玫瑰花嘴的裱花袋中，拧紧裱花袋口。

3. 裱花嘴垂直于蛋糕上表面，从中心开始挤出粉色奶油霜，由内向外绕圈，直至挤满杯子蛋糕上表面。

4. 在收口处插上绿色翻糖叶子作为装饰。

矢车菊杯子蛋糕

杯子蛋糕 2 个
意式奶油霜 70 克
蓝色色素适量

17 号小菊花嘴 1 个
21 号菊花嘴 1 个
电动打蛋器 1 台
裱花袋 2 个
不锈钢碗 2 个

将意式奶油霜平均分成两份，分别滴入适量蓝色色素和少量蓝色色素，用电动打蛋器搅打均匀，制成蓝色奶油霜和浅蓝色奶油霜。

将蓝色奶油霜装入放有21号菊花嘴的裱花袋中，裱花嘴垂直于杯子蛋糕边缘，挤出奶油霜，轻轻向上拔起，重复此步骤，挤满杯子蛋糕边缘制成第1圈花瓣。

参照步骤 2 的方法在第 1 圈花瓣内侧挤出第 2 圈花瓣。

4

在杯子蛋糕中间空白处垂直挤出蓝色奶油霜，以绕圈的方式将杯子蛋糕上表面裸露处填满。接着，在蓝色奶油霜上挤出第 3 圈花瓣。

5

将浅蓝色奶油霜装入放有 17 号小菊花嘴的裱花袋中，裱花嘴垂直于杯子蛋糕上表面中心，挤出奶油霜，轻轻向上拔起，重复此步骤，将杯子蛋糕中心填满，制成花蕊。

6

参照步骤 2 至步骤 5 的方法，将花瓣与花蕊的颜色交换，制作出第 2 个矢车菊杯子蛋糕即可。

向日葵杯子蛋糕

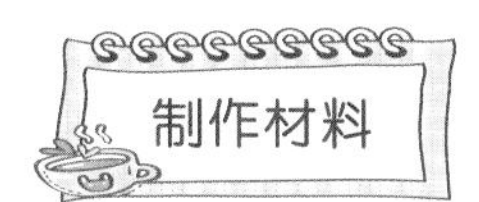

制作材料

杯子蛋糕 2 个
奥利奥饼干 2 块
意式奶油霜 50 克
黄色色素适量

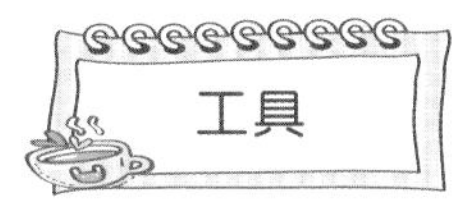

工具

352 号叶子嘴 1 个
裱花袋 1 个
不锈钢碗 1 个

制作步骤

1. 在裱花袋尖端约 3 厘米处剪一个小口，将 352 号叶子嘴放入裱花袋中，放好裱花嘴。

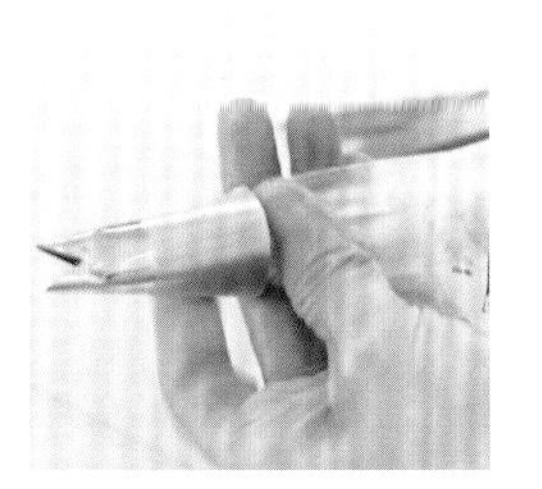

2. 将少量黄色色素滴入意式奶油霜中，搅打均匀，制成淡黄色奶油霜。

3. 将淡黄色奶油霜装入步骤 1 的裱花袋中。

4. 在杯子蛋糕上表面挤一点意式奶油霜，起黏合作用。放上奥利奥饼干，轻轻压紧。

5. 裱花嘴开口平行于饼干，在饼干边缘挤出奶油，往外拉出，重复此步骤，挤出第 1 层花瓣。

6. 在第 1 层花瓣空隙处的上部相错挤出第 2 层花瓣即可。

风车菊杯子蛋糕

制作材料

杯子蛋糕 2 个
意式奶油霜 70 克
橙色色素适量

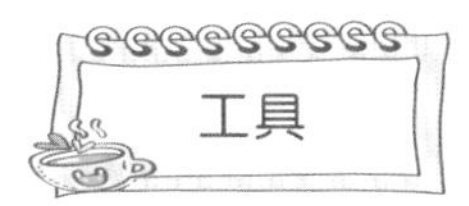

工具

104 号花瓣嘴 1 个
电动打蛋器 1 个
不锈钢碗 1 个
裱花袋 1 个

制作步骤

1

将适量橙色色素滴入意式奶油霜中，用电动打蛋器搅打均匀，制成橙色奶油霜。

将橙色奶油霜装入放有 104 号花瓣嘴的裱花袋中，拧紧裱花袋口。

裱花嘴垂直于杯子蛋糕上表面，从杯子蛋糕边缘开始，一边轻微抖动，一边从边缘向蛋糕中心拉出,即完成一片花瓣，重复此步骤至覆盖满杯子蛋糕上表面，即完成第 1 层花瓣。

在第 1 层花瓣上部，相错开挤出第 2 层花瓣，注意第 2 层花瓣大小需小于第 1 层花瓣，挤奶油霜的力度也需稍微减小。

参照步骤 4 的方法挤出第 3 层花瓣即可。

康乃馨杯子蛋糕

杯子蛋糕 2 个
意式奶油霜 60 克
粉色色素适量
白色色素适量

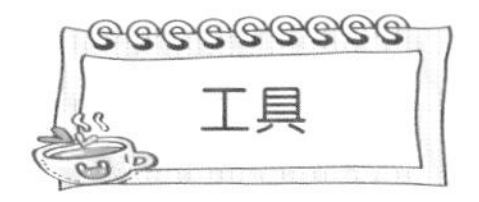

1M 玫瑰花嘴 1 个
不锈钢碗 2 个
电动打蛋器 1 台
裱花袋 3 个

1

将 60 克意式奶油霜平均分成两份，分别滴入适量粉色色素和白色色素，用电动打蛋器搅打均匀，制成粉色奶油霜和白色奶油霜。

2

将粉色奶油霜和白色奶油霜分别装入裱花袋中，在两个裱花袋尖端处分别剪一个相同大小的小口。

3

取一个新的裱花袋，放入 1M 玫瑰花嘴，再将步骤 2 的两个裱花袋放入。左手抓紧裱花袋，右手将里面的两个裱花袋向后拉，将白色奶油霜和粉色奶油霜挤入裱花袋中。

4

裱花嘴垂直于杯子蛋糕上表面，在杯子蛋糕边缘稍用力挤出奶油霜，再向上拉出。

5

按步骤 4 的方法将奶油霜挤满杯子蛋糕上表面，制成康乃馨花朵即可。

大丽花杯子蛋糕

杯子蛋糕 2 个
意式奶油霜 60 克
黄色色素适量
白色色素适量

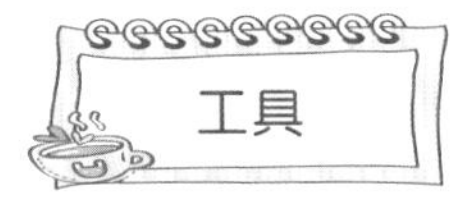

104 号花瓣嘴 2 个
2 号小圆嘴 1 个
裱花钉若干
蓝丁胶若干
不锈钢碗 2 个
电动打蛋器 1 台
裱花袋 3 个

1

在裱花钉上贴上蓝丁胶，再放上杯子蛋糕，以便操作。

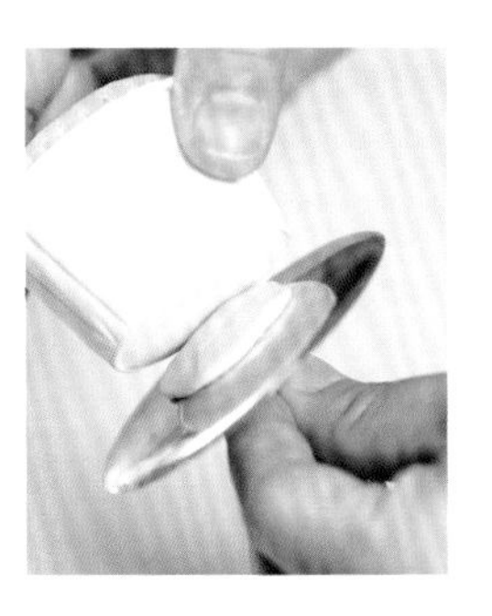

2

将意式奶油霜平均分成两份，分别滴入适量黄色色素和白色色素，用电动打蛋器搅打均匀，制成黄色奶油霜和白色奶油霜。

3

将黄色奶油霜装入放有104号花瓣嘴的裱花袋中，拧紧裱花袋口。

4

将裱花嘴开口较大的一端贴近蛋糕表面边缘，裱花嘴与蛋糕表面呈30° 角，左手旋转杯子蛋糕，右手将奶油霜挤出弧形再往回收，完成一片花瓣。在蛋糕边缘挤满一圈黄色花瓣，花瓣之间不要留有间隙。

5

将白色奶油霜装入放有104号花瓣嘴的裱花袋中，拧紧裱花袋口。

8

在步骤7的基础上，参照步骤4和步骤6的方法，相继挤出黄色奶油霜花瓣和白色奶油霜花瓣，再挤3层即可，注意越往上层，所挤花瓣弧度要越小。

6

参照步骤4的方法在黄色花瓣内侧挤出一圈白色花瓣。

9

将剩余白色奶油霜装入放有2号小圆嘴的裱花袋中，拧紧裱花袋口。

7

用步骤3中的黄色奶油霜在裸露的蛋糕表面挤上奶油霜。

10

裱花嘴垂直于花朵中心，挤出8个小圆点作为花蕊即可。

花花世界杯子蛋糕

制作材料

杯子蛋糕 6 个
意式奶油霜 90 克
绿色色素适量
橙色色素适量
紫红色色素适量

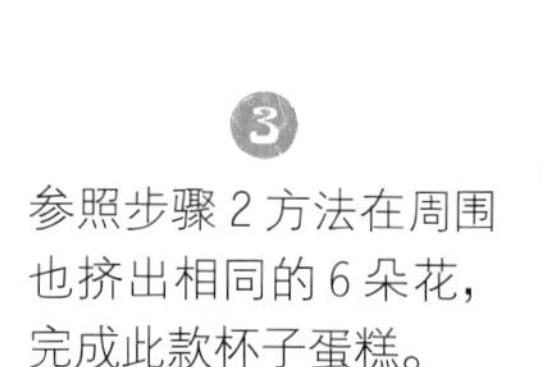

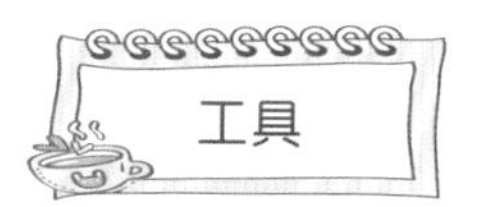

工具

21 号菊花嘴 3 个
不锈钢碗 3 个
电动打蛋器 1 台
裱花袋 3 个

制作步骤

1

将意式奶油霜平均分成 3 份，分别滴入适量绿色色素、橙色色素和紫红色色素，用电动打蛋器搅打均匀，制成绿色奶油霜、橙色奶油霜和紫红色奶油霜。

2

将紫红色奶油霜装入放有 21 号菊花嘴的裱花袋中，裱花嘴垂直于杯子蛋糕上表面，从中心开始挤出奶油霜，旋转一圈，即完成一朵花。

3

参照步骤 2 方法在周围也挤出相同的 6 朵花，完成此款杯子蛋糕。

4

取出第 2 个杯子蛋糕，裱花嘴与杯子蛋糕边缘呈 60° 角挤出奶油霜，由外向杯子蛋糕中心点拉出，完成一片花瓣，再在花瓣的对侧挤出另一片花瓣。

5

参照步骤 4 的方法在杯子蛋糕上表面挤满 8 片花瓣即完成此款杯子蛋糕。

6

将橙色奶油霜装入放有21号菊花嘴的裱花袋中，从杯子蛋糕上表面9点钟方向开始挤出奶油霜，以“Z”字形手法挤出曲线奶油霜并向杯子蛋糕中心拉出。

参照步骤6的方法重复8次，最后在杯子蛋糕中心处参照步骤2的方法挤出一朵花即可。

取一个新的杯子蛋糕，裱花嘴垂直于杯子蛋糕边缘，挤出橙色奶油霜，绕一圈即完成一朵花。

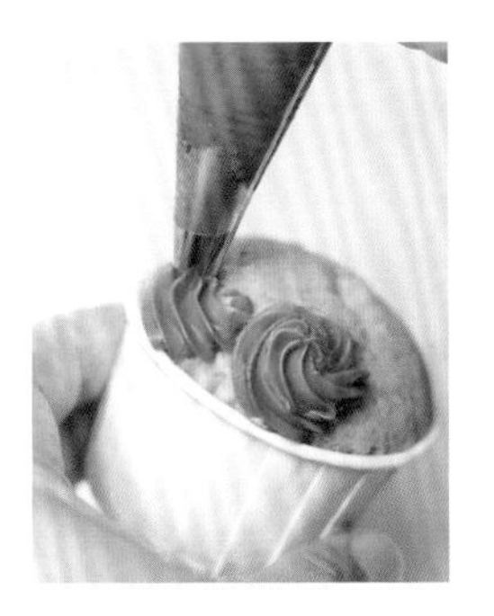

参照步骤8的方法，在杯子蛋糕边缘挤出一圈橙色花朵，再由外向内挤出第2圈花朵，最后在中心处挤上一朵花，将杯子蛋糕上表面填满。

10

将绿色奶油霜装入放有21号菊花嘴的裱花袋中，裱花嘴垂直于蛋糕边缘，挤出奶油霜，围绕半圈后向杯子蛋糕中心以弧线形轨迹拉出。

11

重复步骤10的方法，将绿色奶油霜挤满杯子蛋糕上表面。

12

取一个新的杯子蛋糕，裱花嘴垂直于杯子蛋糕边缘挤出绿色奶油霜，先向外做小幅度延伸，再向杯子蛋糕内部回收，挤出贝壳状花瓣。

13

参照步骤12的方法，在杯子蛋糕边缘挤出一圈绿色花瓣，再由外向内挤出第2圈，最后，在杯子蛋糕中心处垂直挤出一团锥形奶油霜即可。

第 4 章

花开满簇

最美的祝福

制作材料

夹心完毕的 6 寸海绵蛋糕 1 个
意式奶油霜 380 克
粉色色素适量
绿色色素适量
蓝色色素适量

工具

47 号单面锯齿嘴 1 个
1M 玫瑰花嘴 1 个
352 号叶子嘴 1 个
不锈钢碗 4 个
电动打蛋器 1 台
裱花袋 5 个
抹刀 2 把
蛋糕台 1 个
蛋糕架 1 个
刮板 1 个

制作步骤

1. 将意式奶油霜分成3份，一份180克，一份150克，一份50克。

2. 将少量蓝色色素滴入180克奶油霜中，用电动打蛋器搅打均匀，制成淡蓝色奶油霜。

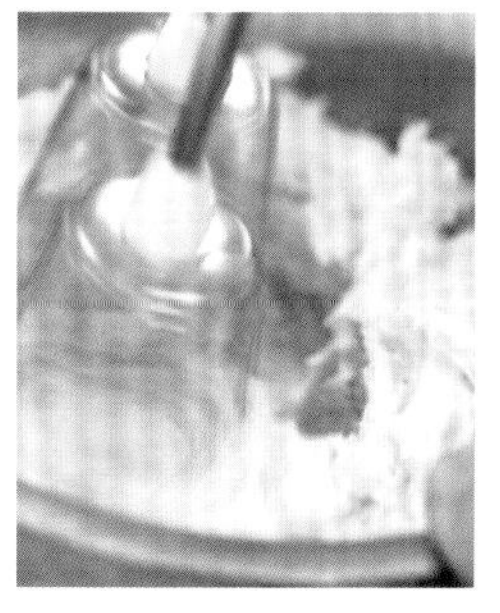

3. 在裱花袋尖端剪一个小口，放入47号单面锯齿嘴，装入淡蓝色奶油霜。

4. 用抹刀将蛋糕坯压平，压实，放在蛋糕台上。用裱花嘴锯齿面贴近蛋糕，挤出奶油霜，左手转动蛋糕台，使奶油霜从下至上贴合在蛋糕侧面，将侧面完全覆盖。

5. 参照步骤4的手法在蛋糕上表面抹好淡蓝色奶油霜。

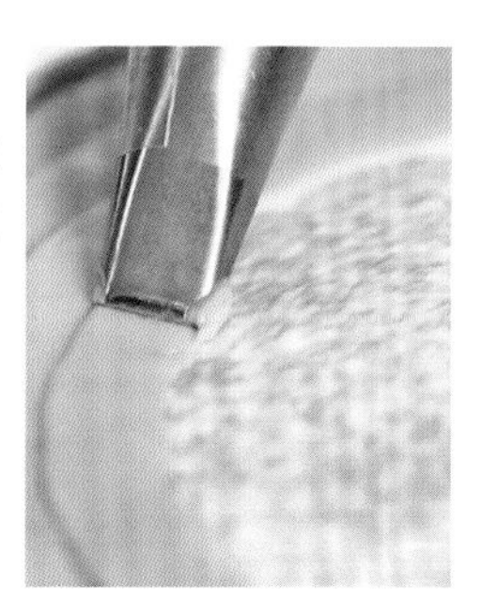

6

用抹刀将蛋糕上表面的淡蓝色奶油霜抹平。再用刮板稍作修整，使蛋糕表面更平整、光滑。

10

在蛋糕边缘垂直挤出奶油霜，向外拉出，挤的时候不要留有空隙，直至挤满一小簇，共需挤8簇。

7

用抹刀将蛋糕从蛋糕台转移到蛋糕架上。

11

将绿色色素滴入50克意式奶油霜中，搅拌均匀。

8

将粉色色素滴入150克意式奶油霜中，搅打均匀。取出一部分粉色奶油霜待用，在剩余的粉色奶油霜中再加入几滴粉色色素，制成深粉色奶油霜。分别装入裱花袋中。

12

裱花袋尖端剪一小口，将352号叶子嘴装入裱花袋中，再装入绿色奶油霜。

9

将两个裱花袋放入装有1M玫瑰花嘴的大裱花袋中，将深粉色奶油霜和浅粉色奶油霜挤入大裱花袋中，注意要用力均匀。

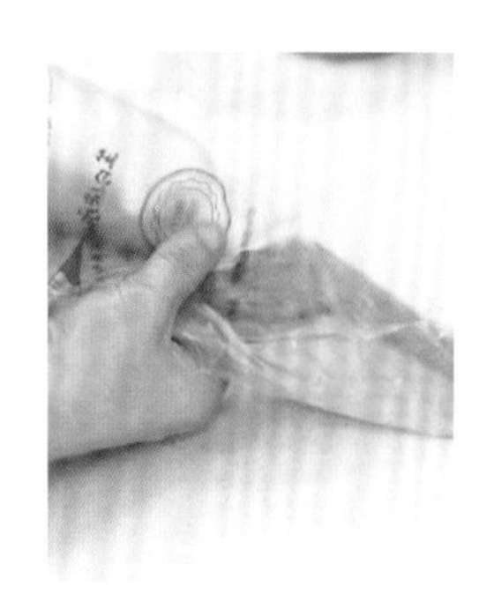

13

裱花嘴垂直于蛋糕上表面，挤出奶油霜，稍抖动向外拉出，在每簇花的周围和空隙处挤出叶子即可。

纯纯的你

6 寸海绵蛋糕坯 1 个
意式奶油霜 100 克
淡奶油 180 克
细砂糖 18 克
白色色素适量
绿色色素适量
黄色色素适量

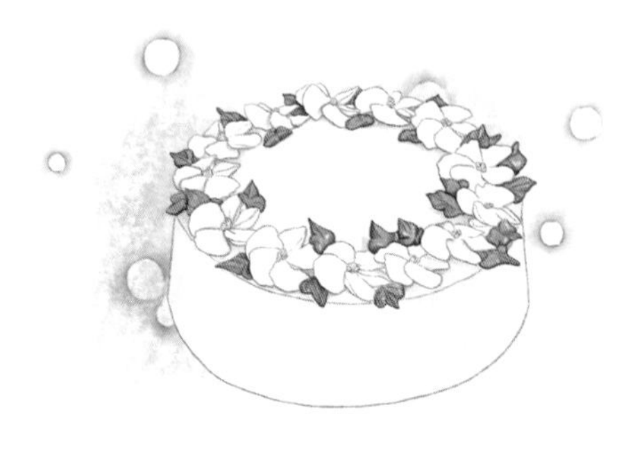

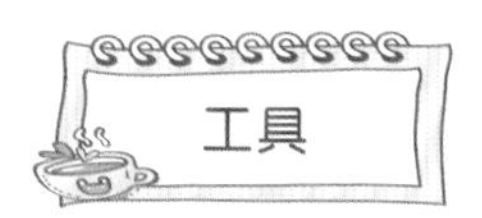

104 号花瓣嘴 1 个
352 号叶子嘴 1 个
3 号小圆嘴 1 个
电动打蛋器 1 台
抹刀 2 把
刮板 1 个
蛋糕台 1 个
裱花袋 3 个
裱花钉若干
蓝丁胶若干
烘焙油纸若干
蛋糕垫板 1 块

将淡奶油和 18 克细砂糖倒入不锈钢盆中，用电动打蛋器打至九分发。

将蛋糕坯放在蛋糕台上，把打发好的淡奶油倒在蛋糕坯上表面，用抹刀抹平，再将剩余的已打发淡奶油抹在蛋糕坯侧面，抹平。

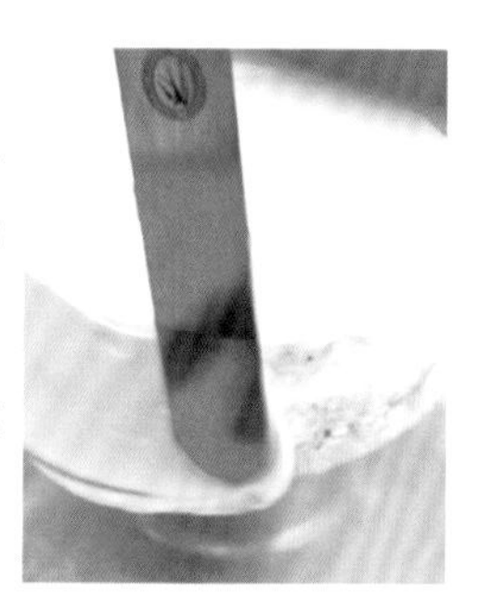

3

用刮板修整蛋糕抹面，使蛋糕表面更平整、光滑。

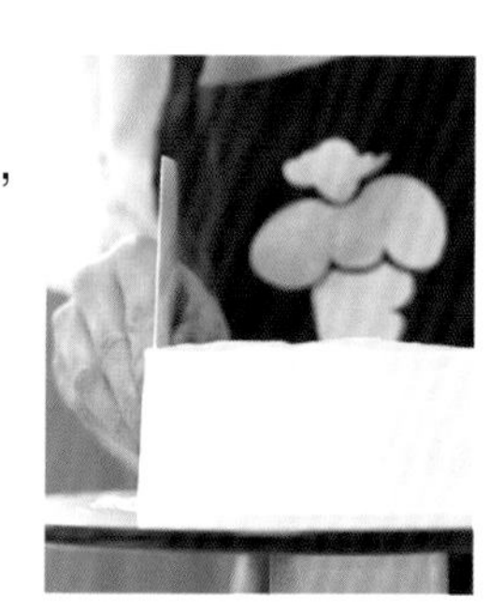

4

用两把抹刀从蛋糕底部两侧将蛋糕转移到蛋糕垫板上。

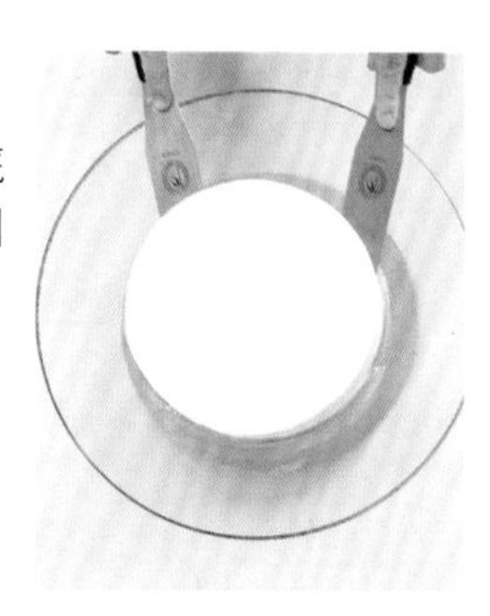

5

将适量白色色素滴入50克奶油霜中，搅拌均匀，制成白色奶油霜，装入放有104号花瓣嘴的裱花袋。

将适量绿色色素滴入30克奶油霜中，搅打均匀，制成绿色奶油霜，装入放有352号叶子嘴的裱花袋。

将适量黄色色素及少量绿色色素滴入20克奶油霜中，搅打均匀，制成黄绿色奶油霜。装入放有3号小圆嘴的裱花袋。

取一个裱花钉，放上蓝丁胶及烘焙油纸，取步骤5中的白色奶油霜，裱花嘴与水平面呈30°角，开口较大的一端置于中心处，左手旋转裱花钉，右手挤出弧形花瓣，一朵花需挤5瓣。

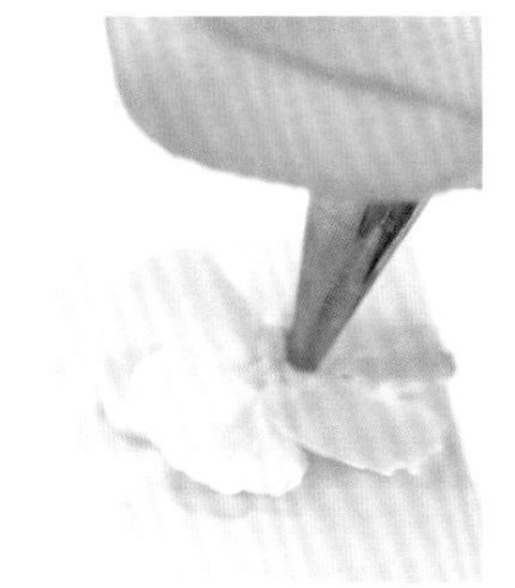

9

在花朵中间用步骤7中的黄绿色奶油霜挤上3个小圆点，作为花蕊，需挤13朵。将挤好的花朵放入冰箱冷冻15分钟至冻硬。

10

在蛋糕表面准备放花朵的位置挤上少许白色奶油霜，以托起花朵。将冻好的花朵取出，放在奶油霜上，在蛋糕边缘围成一圈。

11

在花朵间的空隙处，用步骤6的绿色奶油霜挤出叶子，裱花嘴开口垂直花朵，挤出奶油霜，轻微抖动，向外拉出即可。

Tips

在每朵花的底部挤上少许奶油霜进行垫高，可使花朵整体在视觉上更有立体感，也更生动。

闺蜜之间

抹面完毕的 6 寸海绵蛋糕 1 个
意式奶油霜 700 克
紫色色素适量
粉色色素适量
紫红色色素适量
绿色色素适量
橙色色素适量

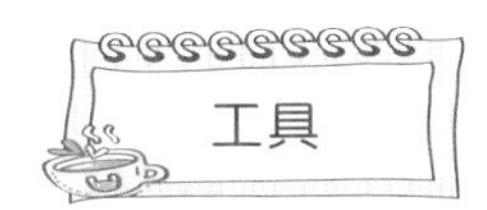

俄罗斯嘴 3 个	蛋糕架 1 个
352 号叶子嘴 1 个	不锈钢碗 7 个
锯齿刮板 1 块	保鲜膜 3 片
抹刀 2 把	裱花袋 4 个

1

用锯齿刮板在蛋糕侧面划出纹路，再用抹刀在蛋糕上表面抹出一圈一圈的纹路。

2

用两把抹刀将蛋糕转移到蛋糕架上。

3

将 700 克奶油霜平均分成 7 份，分别加入适量色素，调出紫色奶油霜，深紫色奶油霜、粉色奶油霜、紫红色奶油霜、绿色奶油霜、橙色奶油霜和浅橙色奶油霜。

4

在桌上铺上一片保鲜膜，将深紫色奶油霜放在保鲜膜上，抹平，需有一定厚度，呈长饼状，约长11厘米，宽8厘米。

5

将紫色奶油霜放到深紫色奶油上，抹成比深紫色奶油霜略小、略薄的长饼即可。

6

利用保鲜膜将两色奶油霜卷成圆柱形，拧紧两侧的保鲜膜，再剪掉其中一端的保鲜膜。

7

在裱花袋中放入俄罗斯嘴，将卷好的奶油霜放入其中（剪掉保鲜膜的一端向下）。

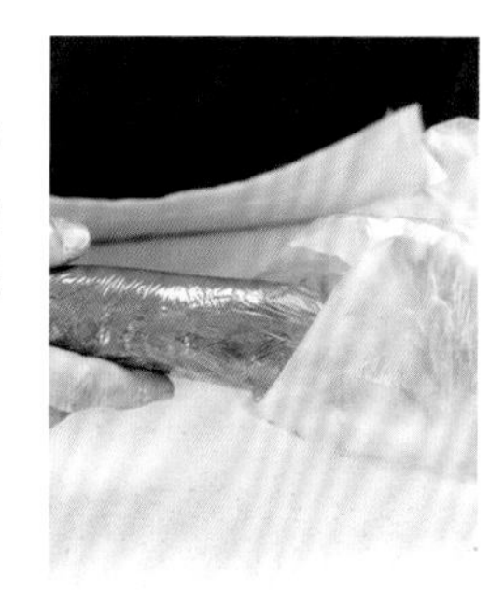

粉色奶油霜和紫红色奶油霜为一组，橙色奶油霜和浅橙色奶油霜为一组，重复步骤 4 至步骤 7。

俄罗斯嘴垂直于蛋糕表面，在蛋糕边缘挤出橙色小花。

10

重复步骤 9，利用不同颜色的奶油霜错丌挤出小花，在蛋糕周围成圈状。

11

将绿色奶油霜装入放有 352 号叶子嘴的裱花袋中。

12

在花与花之间的空隙处挤上叶子。裱花嘴垂直花朵挤出绿色奶油霜，轻轻向外拉出即可，起修饰作用。

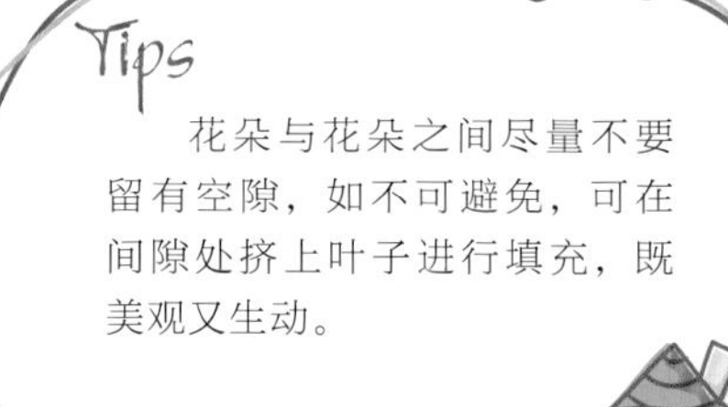

Tips

花朵与花朵之间尽量不要留有空隙，如不可避免，可在间隙处挤上叶子进行填充，既美观又生动。

奶奶的花布

制作材料

夹心完毕的 6 寸海绵蛋糕 1 个
意式奶油霜 330 克
粉色色素适量
蓝色色素适量
绿色色素适量
白色色素适量

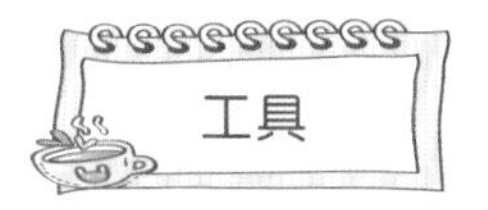

工具

47 号单面锯齿嘴 1 个
3 号小圆嘴 1 个
352 号叶子嘴 1 个
21 号菊花嘴 1 个
不锈钢碗 4 个
电动打蛋器 1 台
裱花袋 4 个
蛋糕台 1 个
抹刀 2 把
刮板 1 个
蛋糕架 1 个

制作步骤

1. 将蛋糕放在蛋糕台上；把意式奶油霜分为 4 份，一份 180 克，一份 80 克，一份 40 克，一份 30 克。

2. 在每份意式奶油霜中滴入适量色素，分别用电动打蛋器搅打均匀，调出30克白色奶油霜，40克绿色奶油霜，80克粉色奶油霜，180克蓝色奶油霜。

3. 将蓝色奶油霜装入放有 47 号单面锯齿嘴的裱花袋，白色奶油霜装入放有 3 号小圆嘴的裱花袋，绿色奶油霜装入放有 352 号叶子嘴的裱花袋，粉色奶油霜装入放有 21 号菊花嘴的裱花袋。

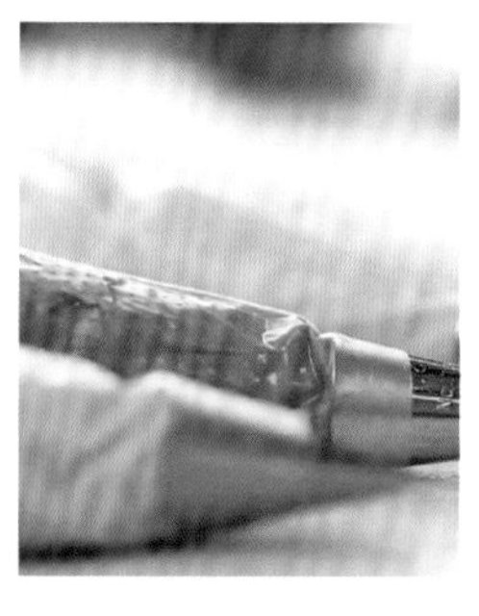

4. 取装有蓝色奶油霜的裱花袋，裱花嘴锯齿边贴近蛋糕侧面，右手挤出奶油霜，左手转动蛋糕台，使奶油霜以绕圆圈的方式贴合在蛋糕侧面，至奶油霜覆盖侧面为止。

5

参照步骤 4 的方法在蛋糕上表面挤满奶油霜。

6

用抹刀将蛋糕表面的奶油霜抹平。

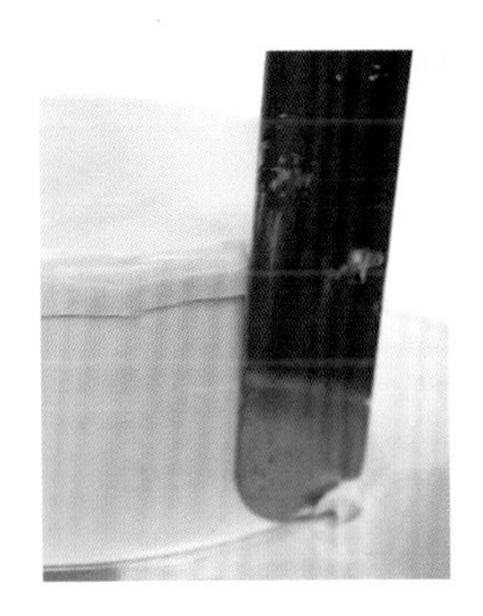

7

再用刮板进行修整，使蛋糕的奶油霜抹面更平整、光滑。

用两把抹刀从蛋糕底部两侧将蛋糕从蛋糕台转移至蛋糕架。

9

取装有粉色奶油霜的裱花袋，裱花嘴垂直于蛋糕上表面，以顺时针绕圈的方式挤出粉色花朵，从花朵中心挤出奶油霜，绕中心一圈，以 2 朵或 3 朵组成一组，使蛋糕上表面均匀分布粉色花朵。

10

取装有绿色奶油霜的裱花袋，裱花嘴开口垂直于花朵，挤出奶油霜，再向外拉出，在花朵旁边点缀上叶子。

11

取装有白色奶油霜的裱花袋，裱花嘴垂直于蛋糕表面，在蓝色奶油霜抹面上均匀挤上白色圆点，作为装饰即可。

悠扬的蒲公英

制作材料

夹心完毕的 6 寸海绵蛋糕 1 个
淡奶油 180 克
意式奶油霜 100 克
细砂糖 18 克
绿色色素适量
白色色素适量

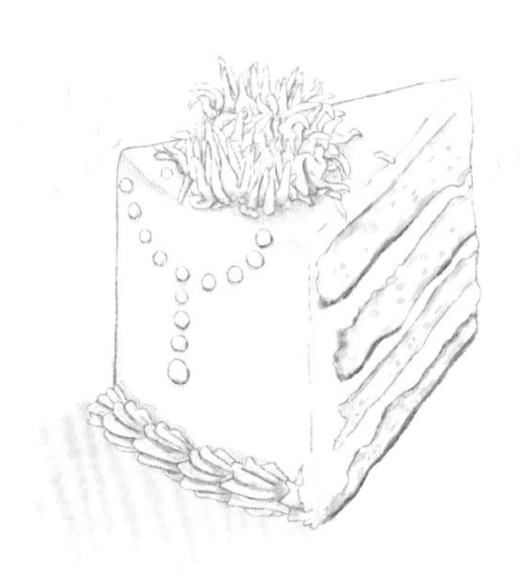

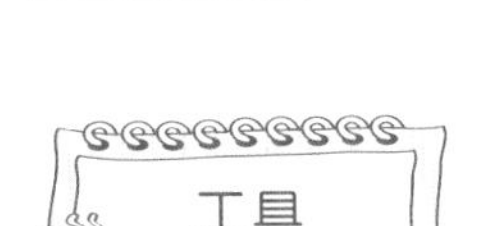

工具

233 号小草嘴 1 个
3 号小圆嘴 1 个
12 号中圆嘴 1 个
21 号菊花嘴 1 个
不锈钢碗 2 个
电动打蛋器 1 台
抹刀 2 把
刮板 1 块
蛋糕台 1 个
蛋糕垫板 1 块
牙签 1 根
裱花嘴转换头 1 个
裱花袋 1 个

制作步骤

1. 将细砂糖倒入淡奶油中，搅拌均匀，滴入绿色色素，用电动打蛋器快速打至九分发，制成淡绿色的已打发淡奶油。

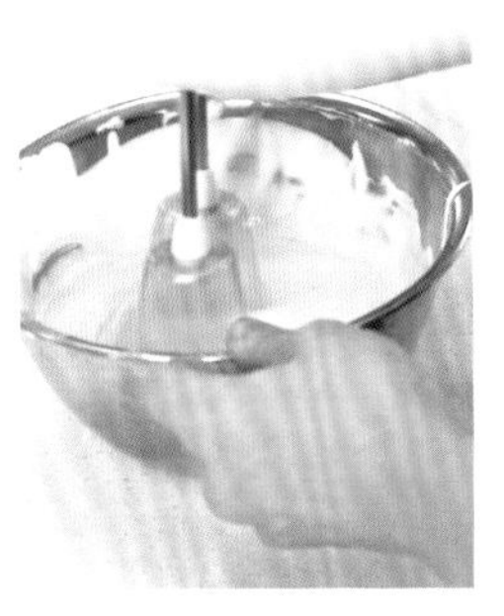

2. 将白色色素滴入意式奶油霜中，用电动打蛋器搅打均匀，制成白色奶油霜；将蛋糕放在蛋糕台上。

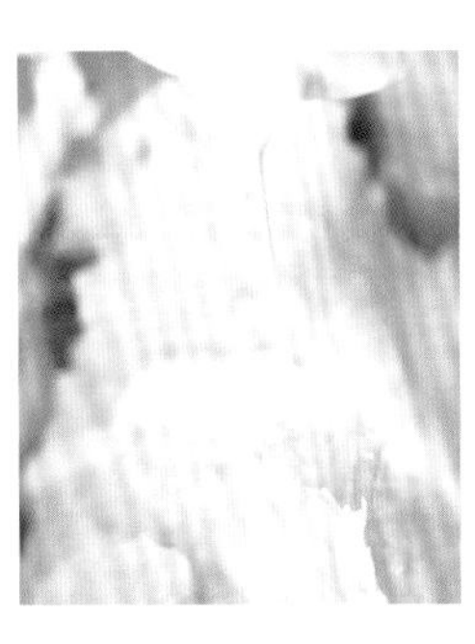

3. 将淡绿色已打发淡奶油倒在蛋糕上表面，用抹刀先抹平上表面的奶油，再将剩余的已打发淡奶油抹至侧面，抹约 0.5 厘米厚。

4. 用刮板对蛋糕奶油抹面进行修整。

5

将蛋糕从蛋糕台转移到蛋糕垫板上。

6

用牙签对花朵的位置进行定位。分别定位蛋糕上表面 3、6、9、12 点钟的位置。

7

利用转换头将12号中圆嘴与裱花袋接好，将白色奶油霜装入，在蛋糕边缘定位处挤出8个圆球状奶油霜。

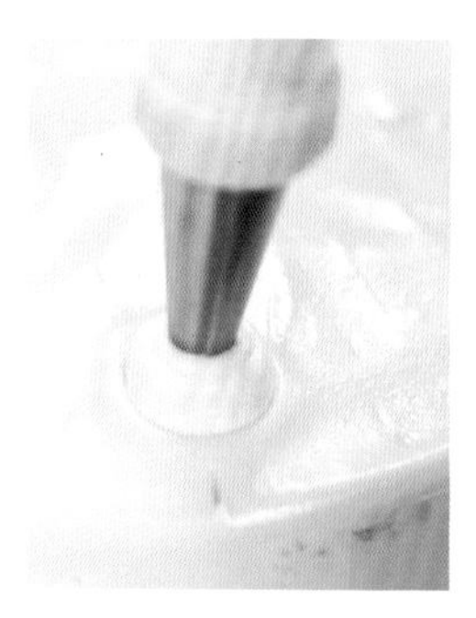

8

取下12号中圆嘴，将233号小草嘴与裱花袋接好，裱花嘴垂直于圆球状白色奶油霜，挤出小草状奶油霜，向上拉，重复至挤满圆球状奶油霜表面，制成一个棉花球。

9

参照步骤 8 的方法在蛋糕边缘挤出 8 个棉花球。

10

取下 233 号小草嘴，换上 3 号小圆嘴，围绕棉花球在蛋糕侧面挤出小圆点，围绕成 “Y” 字形，“Y” 字形直线部分的圆点需逐渐变大，共挤 8 个 “Y” 字。

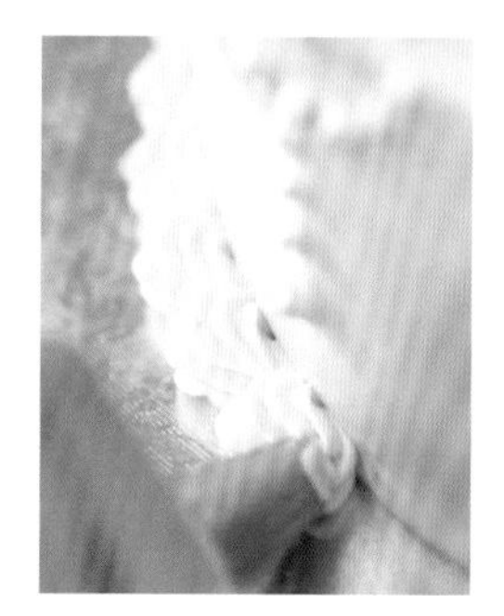

11

取下3号小圆嘴，换上21号锯齿嘴，裱花嘴与蛋糕侧面呈30° 角，挤出贝壳形围边，绕蛋糕一周即可。

感谢有你
感谢有你

制作材料

夹心完毕的 6 寸可可海绵蛋糕 1 个
意式奶油霜 250 克
白巧克力适量
白色色素适量
粉色色素适量

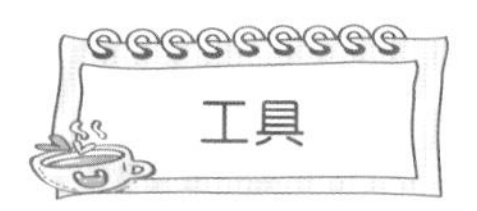

工具

104 号花瓣嘴 2 个
不锈钢碗 2 个
裱花钉若干
蓝丁胶若干
烘焙油纸若干
光滑纸片 1 张
裱花袋 3 个
电动打蛋器 1 台
蛋糕架 1 个

制作步骤

取150克意式奶油霜，滴入适量白色色素，用电动打蛋器搅打均匀，制成白色奶油霜，装入放有104号花瓣嘴的裱花袋中待用。

在剩余100克意式奶油霜中滴入适量粉色色素，搅打均匀，制成粉色奶油霜，装入放有104号花瓣嘴的裱花袋中。

3

在裱花钉上放上蓝丁胶，放上烘焙油纸。

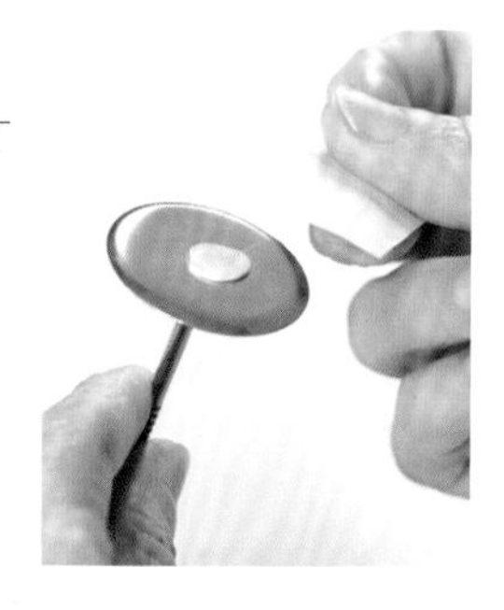

4

取步骤 1 中的裱花袋，裱花嘴与烘焙油纸呈 45° 角，开口较大的一端置于花蕊处，左手转动裱花钉，右手挤出弧状奶油霜，挤满 5 片花瓣即完成一朵五瓣花。依次挤好 10 朵粉色五瓣花和 30 朵白色五瓣花，放冰箱冷冻 20 分钟至冻硬。

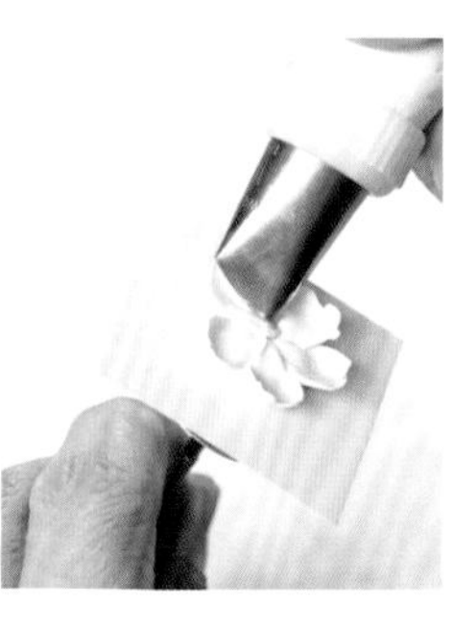

5

把蛋糕放在蛋糕架上，在蛋糕上表面挤一些白色奶油霜，以托起五瓣花。

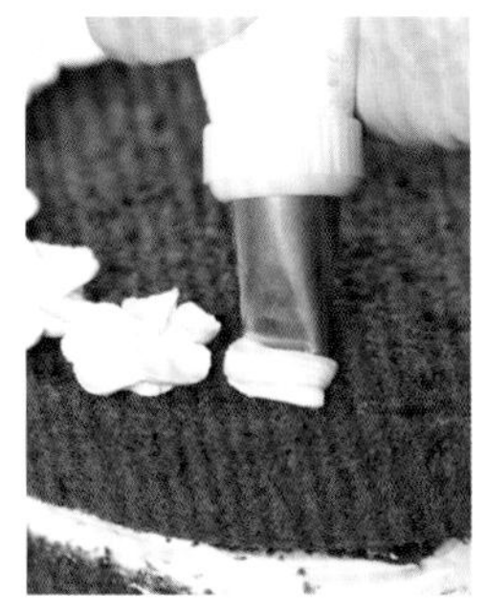

9

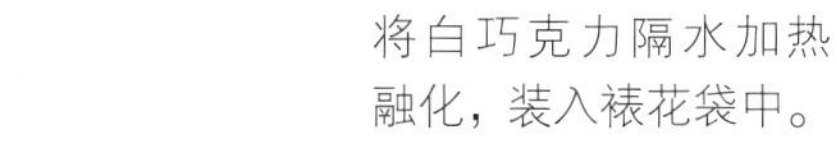

将白巧克力隔水加热融化，装入裱花袋中。

6

放上冻硬的白色五瓣花，围成圈状。

10

取一张光滑的纸片，用融化的白巧克力在纸片上写出“感谢有你”4个字，放入冰箱冻硬。

在白色五瓣花上点缀粉色五瓣花，在放粉色五瓣花的底部也挤上一些奶油霜，起固定作用。

11

将冻硬的巧克力字取出，放在蛋糕上表面即可。

共需放4层五瓣花，粉色五瓣花与白色五瓣花的位置可根据喜好调整。

Tips

对于熟练的制作者，“感谢有你”也可用白色奶油霜直接在蛋糕上书写。用巧克力写好冻硬再摆上更适合新手，以便书写出错可以及时补救。

爱你每一天

制作材料

夹心完毕 6 寸海绵蛋糕 1 个
意式奶油霜 150 克
淡奶油 180 克
细砂糖 18 克
粉色色素适量
星星糖适量

工具

1M 玫瑰花嘴 1 个
3 号小圆嘴 1 个
电动打蛋器 1 台
不锈钢碗 2 个
抹刀 1 把
刮板 1 个
裱花袋 2 个
蛋糕台 1 个
蛋糕盘 1 个

制作步骤

将细砂糖倒入淡奶油中，滴入粉色色素，用电动打蛋器搅拌均匀，再快速搅打至九分发；把蛋糕放在蛋糕台上。

2

将粉色的已打发淡奶油放于蛋糕上表面，用抹刀抹平，再将剩余的已打发淡奶油抹至侧面。整个蛋糕表面均匀裹上奶油后，用刮板进行修整。

3

将适量粉色色素滴入意式奶油霜中，用电动打蛋器搅打均匀，制成粉色奶油霜。

4

将粉色奶油霜装入放有 1M 玫瑰花嘴的裱花袋。裱花嘴垂直于蛋糕上表面边缘，从花中心开始挤出奶油霜，围绕花中心绕约 2.5 圈，最后回中心处。

5

在每朵花的顶端放上星星糖。将剩余的粉色奶油霜装入放有 3 号小圆嘴的裱花袋中。

6

将裱花嘴垂直于蛋糕侧面，挤出小圆点，3 个小圆点为一组，每组需有一定间隔，在蛋糕侧面围 3 圈，每圈位置需错开，再将蛋糕转移到蛋糕盘中即可。

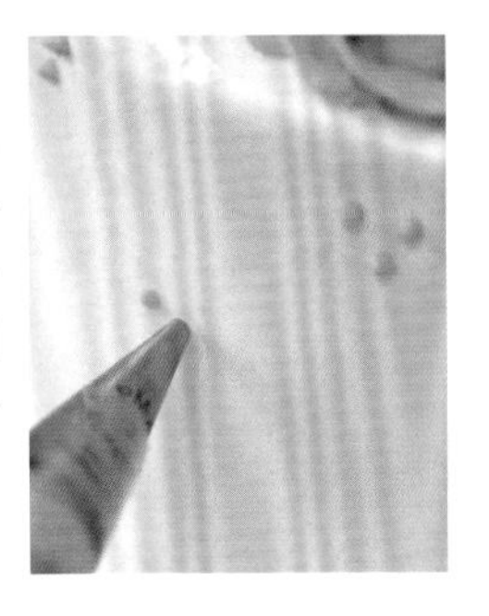

绽放

制作材料

抹面完毕的 6 寸海绵蛋糕 1 个
意式奶油霜 150 克
紫色色素适量
绿色色素适量

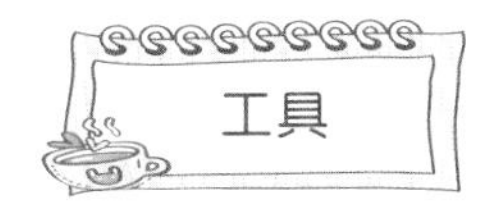

工具

3 号小圆嘴 3 个
抹刀 2 把
蛋糕架 1 个
不锈钢碗 3 个
电动打蛋器 1 台
圆形压模若干
裱花嘴若干
裱花袋 3 个

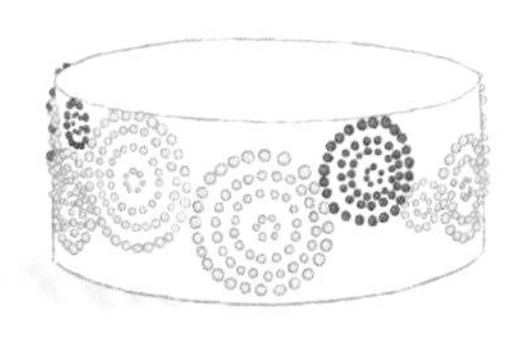

制作步骤

1. 用两把抹刀从蛋糕底部两侧将蛋糕转移到蛋糕架上。

2. 将意式奶油霜平均分成 3 份，分别滴入适量紫色色素、绿色色素和少量绿色色素，用电动打蛋器搅打均匀，制成紫色奶油霜、绿色奶油霜和薄荷绿色奶油霜。

3. 借助圆形压模及裱花嘴在蛋糕侧面定位出 3 个直径依次减小的同心圆，重复此步骤，在蛋糕侧面定位出大小各异的同心圆。

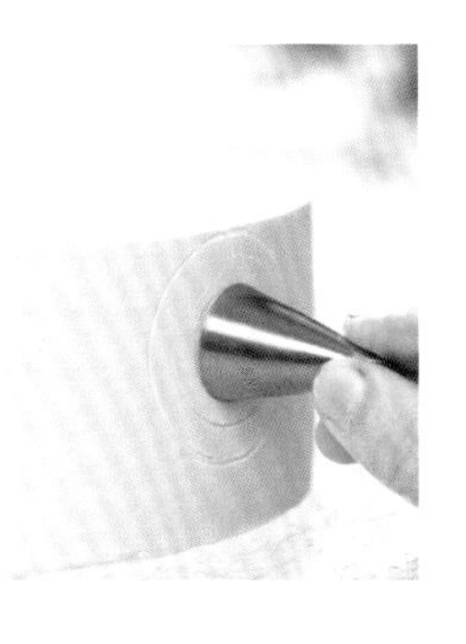

4. 将步骤 2 中 3 种颜色的奶油霜分别装入放有 3 号小圆嘴的裱花袋中。

5. 取绿色奶油霜，裱花嘴垂直蛋糕侧面，以同心圆为轨迹，挤出小圆点状奶油霜，外圈奶油霜需较大，内圈逐渐减小。

6. 取薄荷绿色奶油霜和紫色奶油霜，参照步骤 5 的方法在蛋糕侧面分别沿同心圆挤出小圆点状奶油霜，围绕蛋糕侧面一圈即可。

缤纷玫瑰蛋糕

抹面完毕的 6 寸加高海绵蛋糕 1 个
意式奶油霜 400 克
黄色色素适量
粉色色素适量
橙色色素适量

1M 玫瑰花嘴 1 个
抹刀 2 把
蛋糕架 1 个
不锈钢碗 2 个
电动打蛋器 1 台
裱花袋 3 个

用两把抹刀从蛋糕底部两侧将蛋糕转移到蛋糕架上。

2

将意式奶油霜平均分成两份，其中一份滴入适量黄色色素，另一份滴入适量粉色色素和橙色色素，用电动打蛋器搅打均匀，制成黄色奶油霜和粉橙色奶油霜。

3

将黄色奶油霜和粉橙色奶油霜分别装入裱花袋中。

4

在裱花袋尖端剪出同样大小的小口，再装入放有 1M 玫瑰花嘴的大裱花袋中，右手拖住两个小裱花袋的尾巴向后拉，左手用力将两色奶油霜挤入大裱花袋中。

5

裱花嘴垂直于蛋糕侧面，从花朵中心挤出奶油霜，再绕一圈即完成一朵玫瑰花，重复此步骤，在蛋糕底部挤满一圈玫瑰花，再从下至上挤出 4 圈玫瑰花，布满蛋糕侧面。

6

参照步骤 5 的手法在蛋糕上表面由外向内挤满玫瑰花即可。

春暖花开

制作材料

抹面完毕的 6 寸粉色海绵蛋糕 1 个
意式奶油霜 200 克
白色色素适量
粉色色素适量

工具

104 号花瓣嘴 1 个
电动打蛋器 1 台
裱花袋 3 个
裱花钉若干
蓝丁胶若干
烘焙油纸若干
不锈钢碗 2 个
蛋糕架 1 个

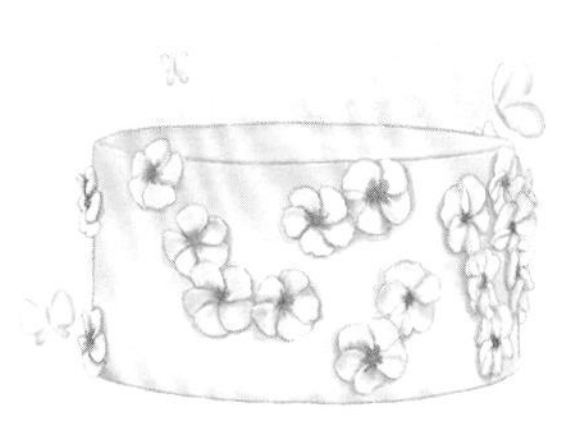

制作步骤

1. 将意式奶油霜平均分成两份，一份滴入适量白色色素，另一份滴入适量粉色色素，分别用电动打蛋器搅打均匀，制成白色奶油霜和粉色奶油霜。

2. 将白色奶油霜和粉色奶油霜分别装入裱花袋中，并在裱花袋尖端剪一个大小相同的小口。

3. 装入放有 104 号花瓣嘴的大裱花袋中，右手抓住两个裱花袋的尾部往后拉，左手将两色奶油霜挤入大号裱花袋中，注意粉色奶油霜要放裱花嘴开口较大一端的上方。

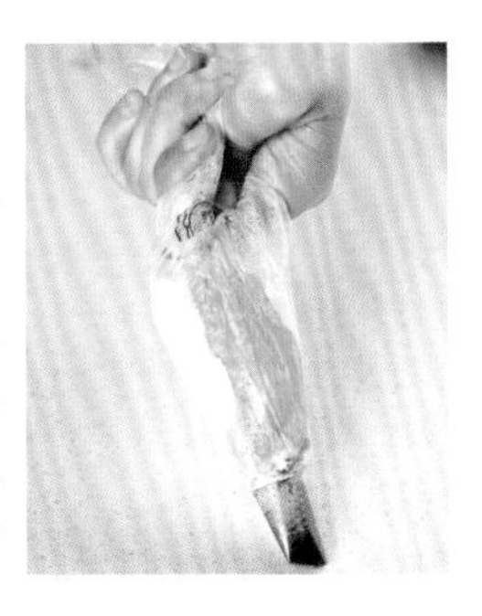

4. 在裱花钉上放上蓝丁胶，再放一小张烘焙油纸。

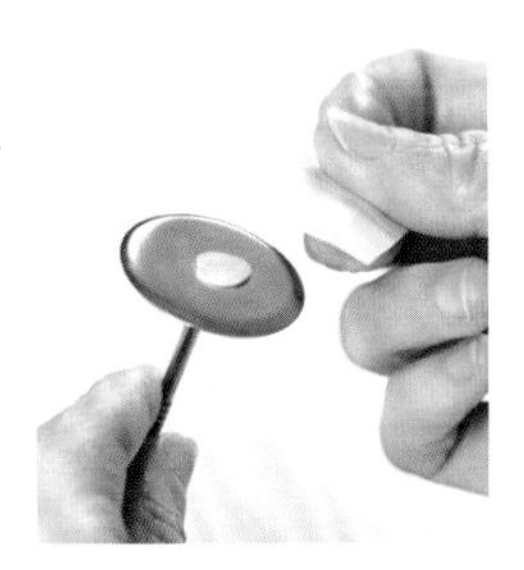

5. 裱花嘴与烘焙油纸呈 30° 角，开口较大的一端置于中心，左手转动裱花钉，右手挤出弧形花瓣，重复 5 次完成一朵五瓣花。将 30 朵五瓣花放入冰箱冷冻 30 分钟至冻硬。

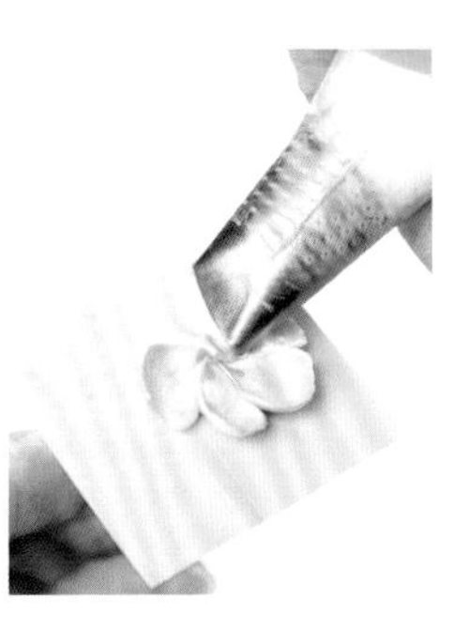

6. 取出冻硬的五瓣花，根据喜好装点在放在蛋糕架上的蛋糕表面即可。

青春无敌

制作材料

抹面完毕的 6 寸粉色海绵蛋糕 1 个
已打发的淡奶油 200 克
粉色色素适量
白色小糖珠适量

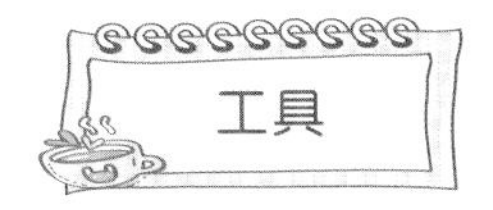

工具

1M 玫瑰花嘴 1 个
裱花袋 3 个
不锈钢碗 2 个
橡皮刮刀 1 把
蛋糕架 1 个

制作步骤

将蛋糕放在蛋糕架上；把已打发的淡奶油平均分成两份，其中一份滴入适量粉色色素，用橡皮刮刀搅拌均匀，制成粉色的淡奶油。

2

将粉色淡奶油和白色淡奶油分别装入裱花袋中，在尖端剪一个同样大小的小口。

3

将两色淡奶油装入放有 1M 玫瑰花嘴的大裱花袋中，右手抓住两个小裱花袋的尾部向后拉，左手将两色淡奶油挤入大裱花袋中。

4

裱花嘴垂直于蛋糕上表面，在上表面约 1/3 的位置开始挤出淡奶油，先挤出花朵的中心点，再围绕一圈即完成一朵玫瑰花，重复 3 次，共挤出 4 朵玫瑰花，整体排列呈弧形。

5

在 4 朵玫瑰花边缘挤上适量粉白色小花，垂直挤出淡奶油，再轻轻向上拉起。

6

最后，在蛋糕上表面撒上白色小糖珠作为装饰即可。

紫色后花园

制作材料

抹面完毕的 6 寸方形海绵蛋糕 1 个
意式奶油霜 130 克
浅紫色色素适量
紫色色素适量

工具

2 号小圆嘴 1 个
224 号五瓣花嘴 1 个
不锈钢碗 2 个
电动打蛋器 1 台
抹刀 2 把
蛋糕架 1 个

制作步骤

将适量紫色色素滴入100克意式奶油霜中，再将适量浅紫色色素滴入30克意式奶油霜中，分别用电动打蛋器搅打均匀，制成深紫色奶油霜和浅紫色奶油霜。

2

将蛋糕放在蛋糕架上，在蛋糕表面用抹刀抹出不规则的波浪状。用抹刀从蛋糕底部两侧将蛋糕转移到蛋糕架上。

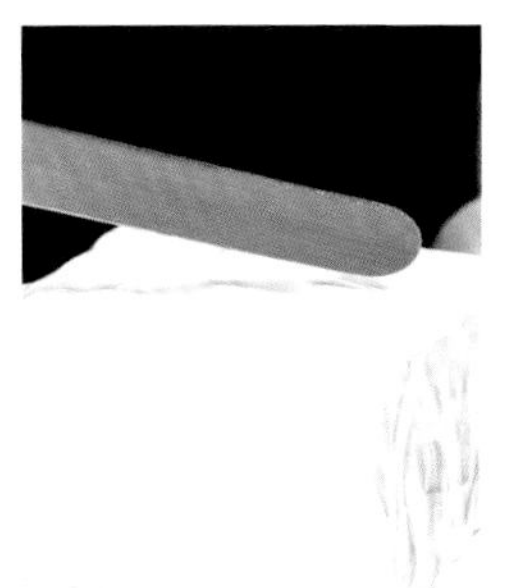

3

将浅紫色奶油霜装入放有 224 号五瓣花嘴的裱花袋中，裱花嘴垂直蛋糕表面，旋转挤出浅紫色小花，需重复多挤几次，形成簇状，小花之间不要留有空隙。

4

参照步骤 3 的方法在蛋糕表面均匀挤上一簇又一簇的浅紫色小花。

5

在簇状小花之间的空白处均匀挤上单朵浅紫色小花。

6

将深紫色奶油霜装入放有 2 号小圆嘴的裱花袋中，在每朵小花中心处挤上一个小圆点，作为花蕊即可。

最初的爱
FIRST
LOVE

抹面完毕的 6 寸海绵蛋糕（淡奶油）1 个
意式奶油霜 400 克
蓝色色素适量
绿色色素适量

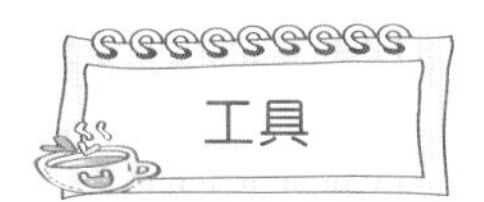

104 号花瓣嘴 1 个
12 号中圆嘴 1 个
352 号叶子嘴 1 个
3 号小圆嘴 1 个
不锈钢碗 2 个
电动打蛋器 1 台
抹刀 2 把
蛋糕垫板 1 块
蛋糕台 1 个
裱花袋 4 个
裱花钉若干
蓝丁胶若干
烘焙油纸若干
转印塑料字模若干

1

将适量蓝色色素滴入350 克意式奶油霜中，将适量绿色色素滴入50 克意式奶油霜中，用电动打蛋器搅打均匀，制成蓝色奶油霜和绿色奶油霜。

2

用两把抹刀从蛋糕底部两侧将蛋糕转移到蛋糕垫板上，再一起转移到蛋糕台上。

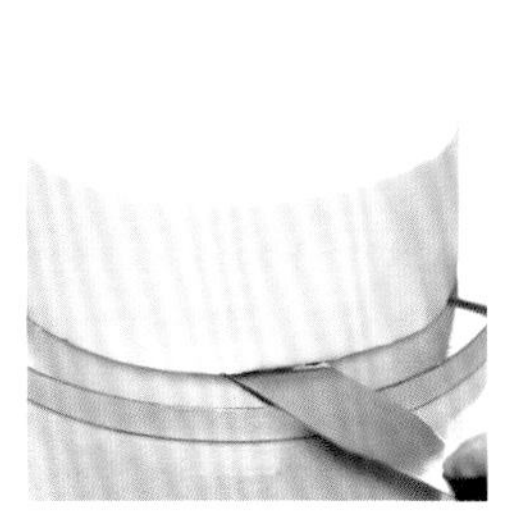

3

将 150 克蓝色奶油霜装入放有 104 号花瓣嘴的裱花袋中，再将 150 克蓝色奶油霜装入放有 12 号中圆嘴的裱花袋中，拧紧裱花袋口。

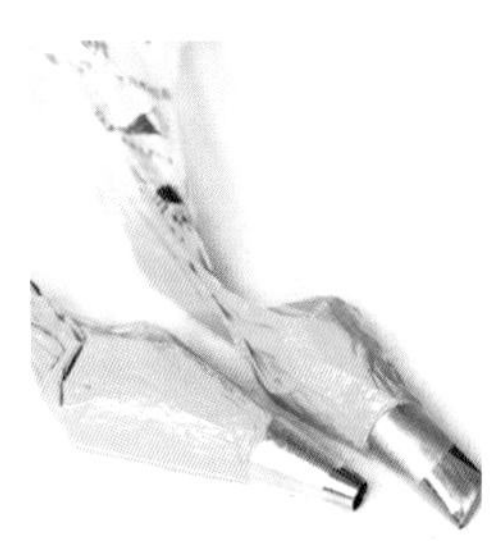

4

在裱花钉上放上蓝丁胶，再放上烘焙油纸，取与 12 号中圆嘴搭配的蓝色奶油霜垂直在烘焙油纸中心挤上一团圆锥形奶油霜。

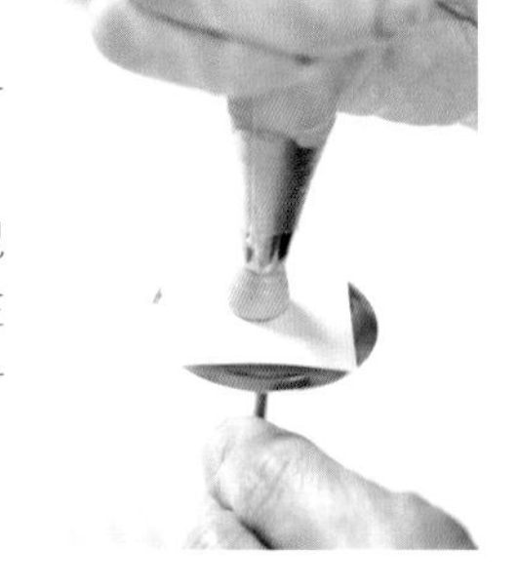

5

取与104号花瓣嘴搭配的蓝色奶油霜，裱花嘴开口较大一端朝下，左手转动裱花钉，右手围绕圆锥形奶油霜挤出花瓣，重复3次，完成一朵玫瑰花，共需制作10朵，放入冰箱冷冻约30分钟至冻硬。

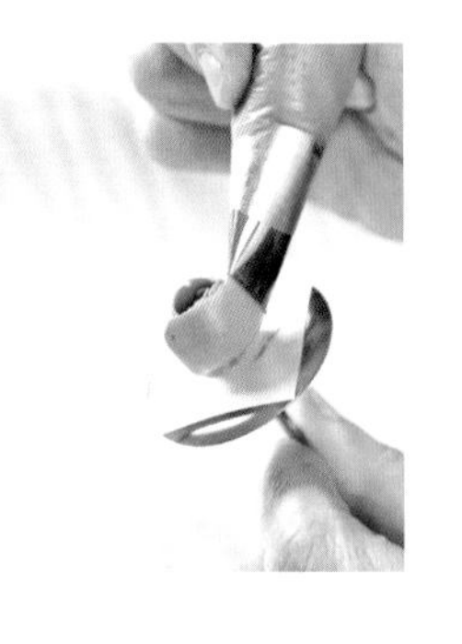

6

取与 12 号中圆嘴搭配的蓝色奶油霜，在蛋糕上表面接近边缘处挤上 6 团圆锥状奶油霜。

7

取出步骤 5 中冻硬的玫瑰花，摆列在步骤 6 的圆锥状奶油霜上。

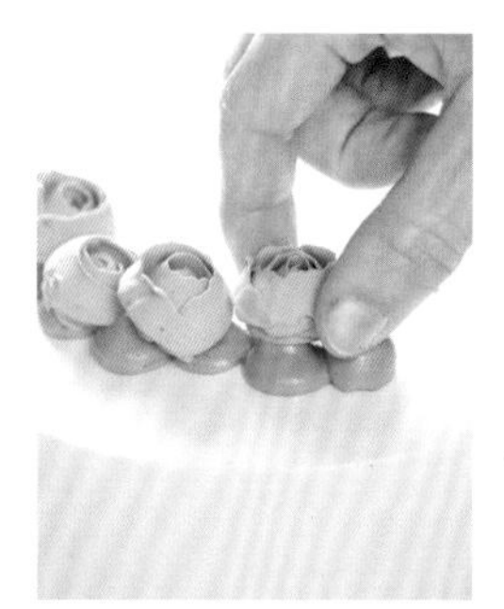

8

将绿色奶油霜装入放有 352 号叶子嘴的裱花袋中，拧紧裱花袋口。

9

裱花嘴与蛋糕上表面呈 30° 角，在玫瑰花之间的空隙处挤出奶油，轻微抖动，向外拉出。

10

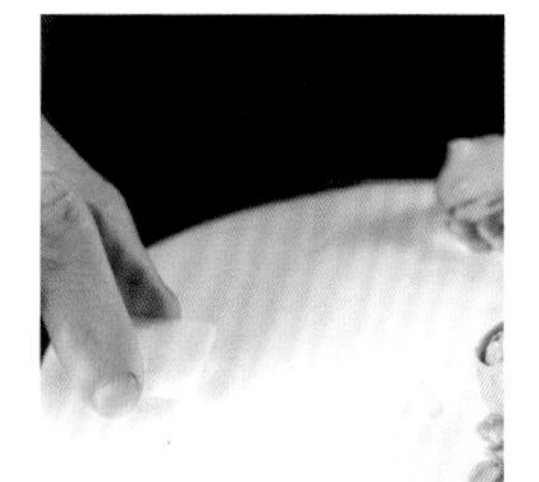

用转印塑料字模在蛋糕上表面轻轻印出“FIRST LOVE”的印痕。

11

将剩余的 50 克蓝色奶油霜装入放有 3 号小圆嘴的裱花袋中，裱花嘴垂直于蛋糕上表面，沿着步骤 10 中的字母印痕挤出奶油霜。

12

取与12号中圆嘴搭配的蓝色奶油霜，裱花嘴与平面呈30° 角，挤出圆球形奶油霜，重复此步骤，绕蛋糕底部一圈，形成珍珠围边即可。

三色花杯子蛋糕

杯子蛋糕 24 个
意式奶油霜 770 克
橙色色素适量
蓝色色素适量
粉色色素适量
绿色色素适量
黄色色素适量

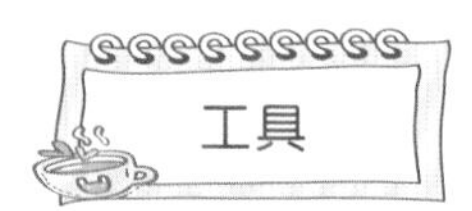

12 号中圆嘴 3 个
21 号菊花嘴 1 个
233 号小草嘴 1 个
366 号大叶子嘴 1 个
电动打蛋器 1 台
直尺 1 把
裱花袋 6 个
不锈钢碗 5 个

1
根据配料表，在意式奶油霜中分别滴入适量色素，用电动打蛋器搅打均匀，制成210克橙色奶油霜、210克粉色奶油霜、210克蓝色奶油霜、90克黄色奶油霜和50克绿色奶油霜。

2
将粉色奶油霜装入放有12号中圆嘴的裱花袋中。

3
裱花嘴垂直于蛋糕边缘开始挤出奶油，由外向内绕圈。

4
绕至杯子蛋糕中心为止，整体呈螺旋状，蛋糕表面不要留有缝隙，共需挤满 7 个杯子蛋糕。

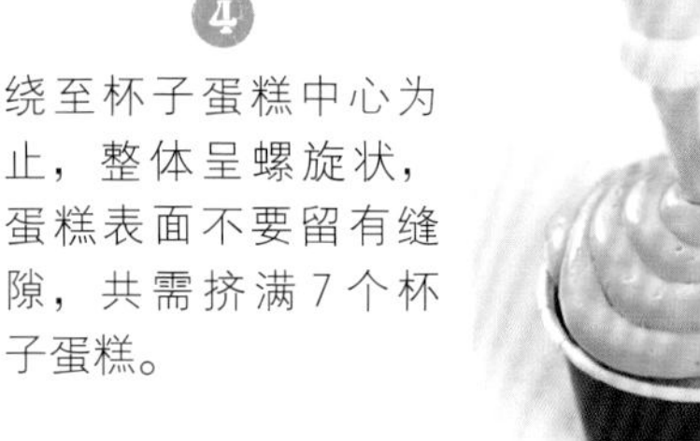

5

将蓝色奶油霜和橙色奶油霜参照步骤 2 至步骤 4 的方法操作。

6

将黄色奶油霜装入放有 233 号小草嘴的裱花袋中，裱花嘴垂直于蛋糕表面挤出奶油霜，垂直往上拔，先挤满蛋糕外圈，再挤内圈，挤满杯子蛋糕表面为止，此款杯子蛋糕需制作 3 个。

7

把黄色杯子蛋糕作为花蕊，橙色、蓝色、粉色杯子蛋糕作为花瓣，摆好造型。

8

将绿色奶油霜装入放有 21 号菊花嘴的裱花袋。

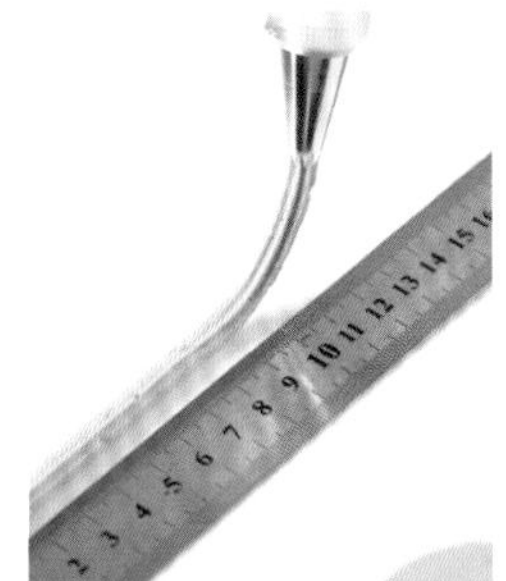

9

从橙色花朵中间向下拉出一条笔直的花茎，可借助尺子作为参照物，保证花茎笔直。

10

再分别从两侧花朵中间挤出略带弧形的花茎。

11

将剩余的绿色奶油霜装入放有 366 号大叶子嘴的裱花袋，在花茎两旁挤出叶子。挤叶子时，裱花嘴需轻微前后抖动，做出叶子纹路，再向外拉出即可。

盛开的花儿

抹面完毕的 6 寸海绵蛋糕 1 个
意式奶油霜 120 克
粉色色素适量
蓝色色素适量
黄色色素适量
绿色色素适量

3 号小圆嘴 2 个
5 号小圆嘴 3 个
21 号菊花嘴 3 个
不锈钢碗 4 个
抹刀 2 把
蛋糕垫板 1 块
蛋糕台 1 个
裱花袋 8 个

1

将意式奶油霜平均分成 4 份，分别滴入适量蓝色色素、粉色色素、绿色色素和黄色色素，搅打均匀，制成蓝色奶油霜、粉色奶油霜、绿色奶油霜和黄色奶油霜。

2

用两把抹刀从蛋糕底部两侧将蛋糕转移到蛋糕垫板上，再一起转移到蛋糕台上。

3

用小抹刀在蛋糕侧面定位出 3 条花茎的位置。

4

将绿色奶油霜装入放有 3 号小圆嘴的裱花袋中，拧紧裱花袋口。

5

裱花嘴垂直于蛋糕侧面，沿步骤 3 的定位挤出奶油霜，画出两短一长的 3 条花茎，再画出 3 条侧枝。将粉色奶油霜装入放有 5 号小圆嘴的裱花袋中，垂直在中间的花茎上挤出圆锥状花蕊。

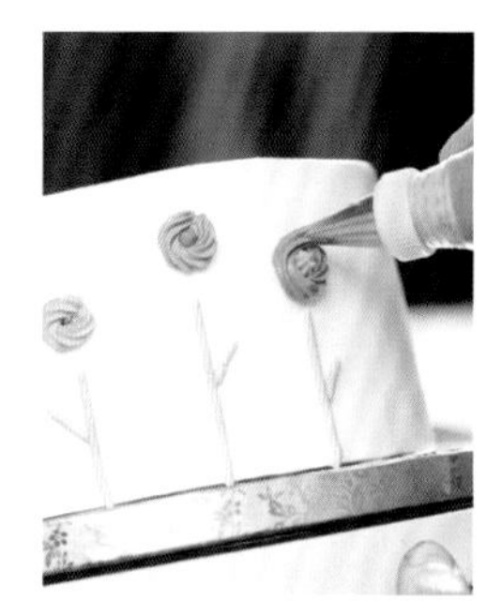

7

将蓝色奶油霜和粉色奶油霜分别装入放有 21 号菊花嘴的裱花袋中，分别绕中间花朵的粉色圆锥形花蕊一圈及右边花朵的绿色星星状花蕊一圈，挤出第 1 圈花瓣。

6

将蓝色奶油霜装入放有 3 号小圆嘴的裱花袋中，在左侧的花茎上挤出圆锥状花蕊。再将绿色奶油霜装入放有 21 号菊花嘴的裱花袋中，垂直在右边花茎的上方挤出星星状花蕊。再绕最左侧蓝色圆锥状花蕊一周，挤出第 1 圈绿色花瓣。

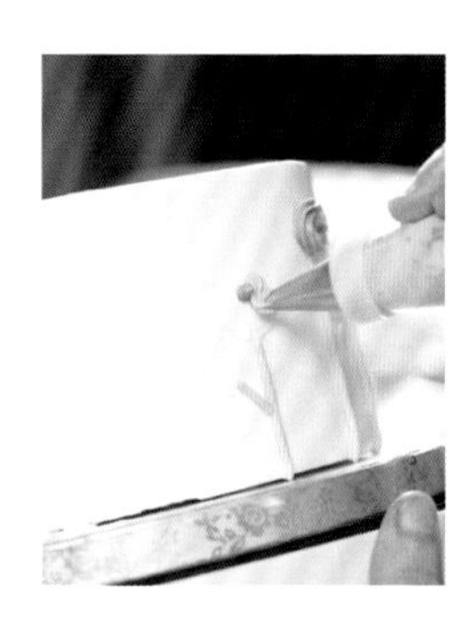

8

将蓝色奶油霜和绿色奶油霜分别装入放有 5 号小圆嘴的裱花袋中，垂直于蛋糕侧面，在中间花朵和右边花朵的外圈挤上圆锥状花瓣。

9

最后，用步骤 7 中的粉色奶油霜在左侧花朵垂直挤出一圈星星状花瓣即可。

天天向上杯子蛋糕

制作材料

杯子蛋糕 4 个
盆栽蛋糕花盆 2 个
意式奶油霜 400 克
白色色素适量
黄色色素适量
绿色色素适量
奥利奥饼干 6 块

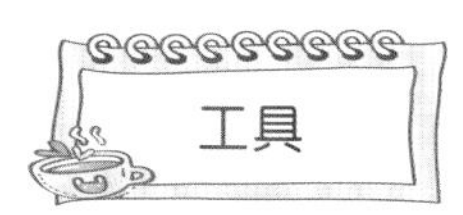

工具

352 号叶子嘴 2 个
电动打蛋器 1 台
裱花袋 3 个

制作步骤

1 在每个盆栽蛋糕花盆中叠着放入 2 个杯子蛋糕。

2 将适量白色色素滴入 150 克意式奶油霜中，用电动打蛋器搅打均匀，制成白色奶油霜，用白色奶油霜将盆栽蛋糕花盆与杯子蛋糕的间隙填满。

3 在蛋糕表面抹上一层薄薄的白色奶油霜。

4 在蛋糕表面放上奥利奥饼干，作为花蕊。

5

将适量黄色色素滴入150克意式奶油霜中，用电动打蛋器搅打均匀，制成黄色奶油霜，装入放有352号叶子嘴的裱花袋。

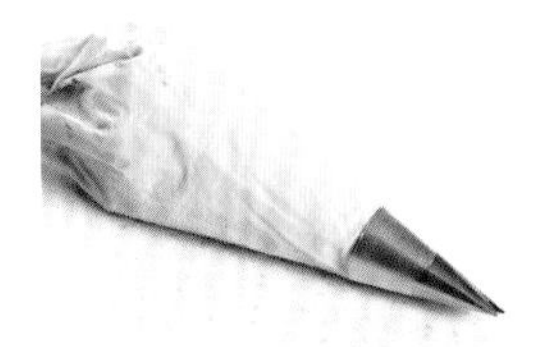

裱花嘴垂直于奥利奥饼干，在奥利奥饼干底部挤出奶油霜，向外拉出一层向日葵花瓣，注意需用力均匀。

在第1层向日葵花瓣的空隙处，参照步骤6的手法相错挤出第2层向日葵花瓣，即完成一朵向日葵。每个花盆中需完成3朵向日葵。

8

将绿色色素滴入100克意式奶油霜中，用电动打蛋器搅打均匀，制成绿色奶油霜，装入放有352号叶子嘴的裱花袋中。

9

裱花嘴垂直于杯子蛋糕，挤出奶油霜，轻微上下抖动，向外拉出，做出叶子纹路，填充向日葵与杯子蛋糕间的空隙即可。

玫瑰花杯子蛋糕

制作材料

杯子蛋糕 2 个
意式奶油霜 60 克
粉色色素适量
绿色色素适量

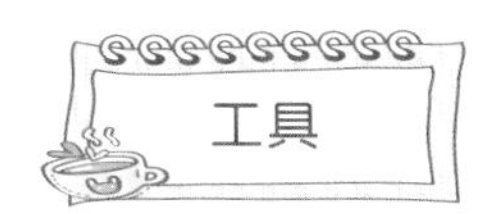

工具

12 号中圆嘴 1 个
104 号花瓣嘴 1 个
352 号叶子嘴 1 个
不锈钢碗 2 个
电动打蛋器 1 台
裱花钉若干
裱花剪刀 1 把
裱花嘴转换头 1 个
裱花袋 2 个
蓝丁胶若干
烘焙油纸若干

制作步骤

1. 将适量粉色色素滴入 50 克意式奶油霜中，用电动打蛋器搅打均匀，制成粉色奶油霜。

2. 将粉色奶油霜装入放有转换嘴的裱花袋中，装上 12 号中圆嘴，拧紧裱花袋口。用蓝丁胶将烘焙油纸粘在裱花钉上。裱花嘴垂直于烘焙油纸，挤出圆锥状奶油霜，作为花蕊。

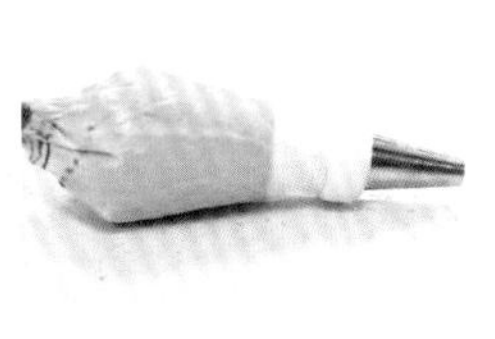

3. 取下 12 号中圆嘴，装上 104 号花瓣嘴，裱花嘴与烘焙油纸呈 60° 角，开口较大的一端向下，左手转动裱花钉，右手围绕圆锥状奶油霜挤出花瓣，每朵玫瑰花需挤 3 层花瓣，共需做 6 朵玫瑰花。

4. 用裱花剪刀将玫瑰花转移到杯子蛋糕表面，每个杯子蛋糕放 3 朵。

5. 将适量绿色色素滴入 10 克意式奶油霜中，用电动打蛋器搅打均匀，制成绿色奶油霜。

6. 将绿色奶油霜装入放有 352 号叶子嘴的裱花袋中，裱花嘴垂直于杯子蛋糕表面，在玫瑰花的空隙处，微微抖动着挤出奶油霜，向外拉出，形成叶子的形状即可。

小玫瑰杯子蛋糕

杯子蛋糕 2 个
意式奶油霜 60 克
粉色色素适量

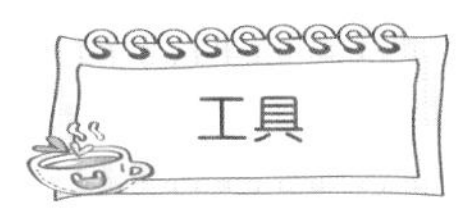

14 号锯齿嘴 1 个
电动打蛋器 1 台
不锈钢碗 1 个
裱花袋 1 个

制作步骤

1 将适量粉色色素滴入意式奶油霜中，用电动打蛋器搅打均匀，制成粉色奶油霜。

2 在裱花袋尖端处剪一小口，将 14 号锯齿嘴放入裱花袋，再将粉色奶油霜装入其中。

3 裱花嘴垂直于杯子蛋糕边缘，从每朵花的中心开始挤出奶油霜，绕中心一圈即完成一朵玫瑰花。

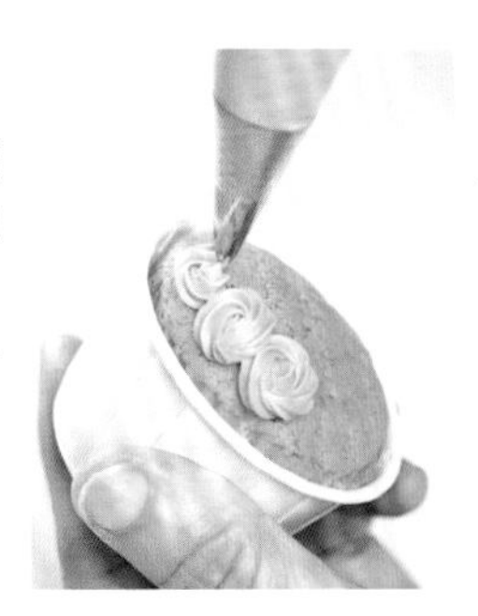

4 将玫瑰花围绕杯子蛋糕边缘挤满一圈，注意花朵间不要有空隙。

5 参照步骤 4 的方法挤出第 2 圈玫瑰花，共需挤 4 圈左右，直至玫瑰花挤满整个杯子蛋糕表面即可。

花团锦簇

制作材料

夹心完毕的6寸海绵蛋糕1个
意式奶油霜520克
黑巧克力80克
牛奶20克
紫色色素适量
粉色色素适量
橙色色素适量
绿色色素适量
蓝色色素适量
白色色素适量

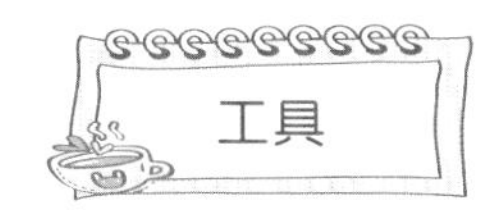

工具

47号单面锯齿嘴1个
1M玫瑰花嘴2个
104号花瓣嘴3个
352号叶子嘴1个
22号菊花嘴1个
不锈钢碗7个
蛋糕台1个
蛋糕盘1个
抹刀2把
刮板1块
方形瓷盘1个
电动打蛋器1台
裱花袋8个
裱花钉若干
蓝丁胶若干
烘焙油纸若干

制作步骤

1. 牛奶隔水加热，倒入黑巧克力中，静置3分钟，搅拌至融化。

2. 待步骤1中的混合物稍凉，倒入220克意式奶油霜中，搅拌均匀，制成巧克力奶油霜；将放到蛋糕台上。

3. 将200克巧克力奶油霜装入放有47号单面锯齿嘴的裱花袋中，裱花嘴锯齿面贴近蛋糕侧面，左手转动蛋糕台，右手挤出巧克力奶油霜，使其以绕圈的方式贴合在蛋糕侧面。

4. 参照步骤3的方法在蛋糕上表面挤上巧克力奶油霜。

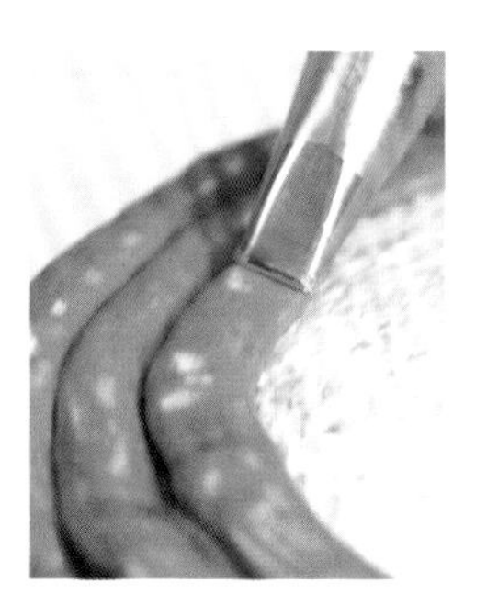

5

用抹刀将蛋糕表面的奶油霜抹平。

6

利用刮板进行修整，使蛋糕表面更平整、光滑。

7

用抹刀从蛋糕底部两侧将蛋糕转移到蛋糕盘中。

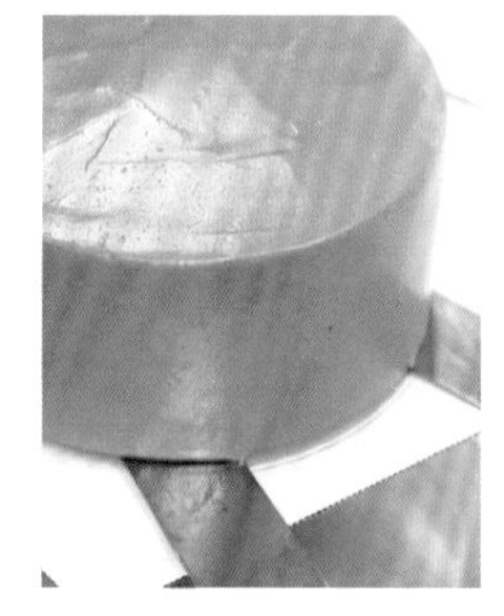

8

将300克意式奶油霜分成6份，2份各100克，4份各25克。

9

将色素分别加入意式奶油霜中，用电动打蛋器搅打均匀，制成紫色奶油霜、粉色奶油霜各100克，橙色奶油霜、绿色奶油霜、蓝色奶油霜、白色奶油霜各25克。

10

将蓝色奶油霜装入放有104号花瓣嘴的裱花袋，参照135页步骤4、5制作五瓣花，白色奶油霜和橙色奶油霜也参照此方法操作，共制作15朵五瓣花。

11

将粉色奶油霜和紫色奶油霜分别装入放有1M玫瑰花嘴的裱花袋。

12

裱花嘴垂直于蛋糕表面边缘，从花中心开始挤出奶油霜，围绕花中心绕一圈，即完成一朵玫瑰花。

13

用粉色奶油霜和紫色奶油霜相错挤出玫瑰花。

将冻硬的五瓣花取出，放在玫瑰花收口处稍作装饰。

将绿色奶油霜装入放有 352 号叶子嘴的裱花袋。

16

裱花嘴垂直于玫瑰花，在玫瑰花空隙处挤出绿色奶油霜，稍微抖动，向外拉出，挤出叶子的形状。

17

将剩余的 20 克巧克力奶油霜装入放有 22 号菊花嘴的裱花袋，裱花嘴与蛋糕侧面呈 30° 角，挤出贝壳状奶油霜，向下收口，重复此步骤，绕蛋糕底部一圈，形成贝壳围边即可。

巧克力玫瑰蛋糕

制作材料

抹面完毕的 6 寸海绵蛋糕 1 个
意式奶油霜 200 克
黑巧克力 80 克
牛奶 20 克

工具

21 号菊花嘴 1 个
蛋糕架 1 个
蛋糕台 1 个
锯齿刮板 1 块
抹刀 2 把
不锈钢碗 1 个
电动打蛋器 1 台
裱花袋 1 个

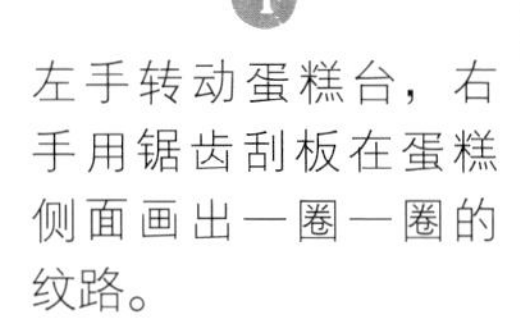

制作步骤

1 左手转动蛋糕台，右手用锯齿刮板在蛋糕侧面画出一圈一圈的纹路。

2 用抹刀从蛋糕底部两侧将蛋糕转移到蛋糕架上。

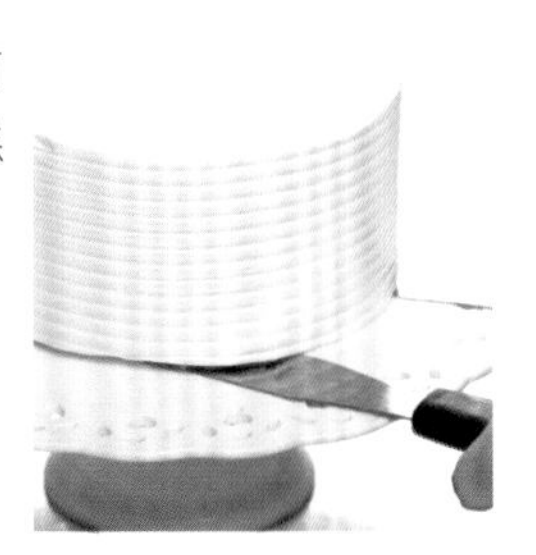

3 将牛奶隔水加热，倒入黑巧克力中静置 3 分钟，搅拌均匀，倒入意式奶油霜，用电动打蛋器搅打均匀，制成巧克力奶油霜。

4 将巧克力奶油霜装入放有 21 号菊花嘴的裱花袋中，垂直挤出奶油霜，再绕一圈即完成一朵玫瑰花，重复此步骤，在蛋糕上表面一侧挤满玫瑰花。在蛋糕侧面挤上 7 朵玫瑰花。

5 裱花嘴垂直于蛋糕上表面一侧的边缘，挤出星星状奶油霜，再轻轻拉起。

6 裱花嘴与蛋糕底部边缘呈 30° 角，左手转动蛋糕架，右手挤出奶油霜，再向下收口，重复此步骤，绕蛋糕底部一圈，形成贝壳状围边即可。

无尽的爱

制作材料

抹面完毕的 6 寸海绵蛋糕 1 个
意式奶油霜 300 克
黑巧克力 80 克
牛奶 20 克
绿色色素适量
紫红色色素适量
粉色色素适量

工具

103 号花瓣嘴 3 个
3 号小圆嘴 2 个
1M 玫瑰花嘴 1 个
不锈钢盆 5 个
手动打蛋器 1 台
裱花钉若干
蓝丁胶若干
烘焙油纸若干
裱花袋 8 个
转印塑料字模若干
蛋糕台 1 个
蛋糕盘 1 个

制作步骤

1

将适量色素分别滴入意式奶油霜中，用电动打蛋器搅打均匀，调出 100 克粉色奶油霜，紫红色奶油霜、紫色奶油霜和绿色奶油霜各 50 克。

2

将牛奶隔水加热，倒入黑巧克力中，静置 3 分钟，搅拌至融化，倒入剩余的 50 克意式奶油霜中，搅拌均匀，制成巧克力奶油霜；将蛋糕放在蛋糕盘上，再转移到蛋糕台上。

3

将 50 克粉色奶油霜装入放有 103 号花瓣嘴的裱花袋中，参照第 135 页步骤 4、5 制作五瓣花，绿色奶油霜和紫色奶油霜也参照此方法操作，共制作 20 朵。

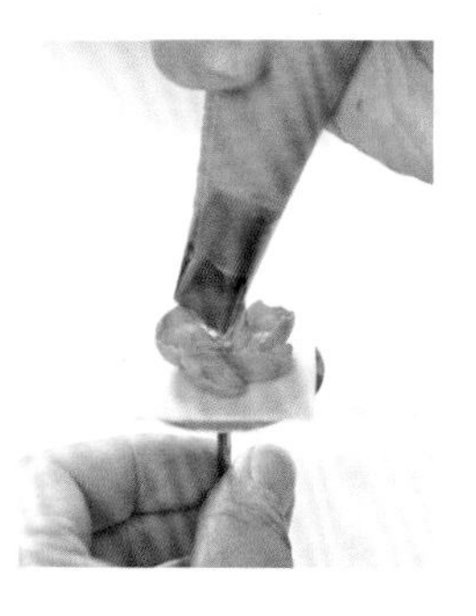

4

将巧克力奶油霜装入放有3号小圆嘴的裱花袋中，沿着蛋糕上表面边缘挤出若干条花藤。将剩余粉色奶油霜和紫红色奶油霜分别装入裱花袋中，再挤入放有1M玫瑰花嘴的裱花袋。

5

在花藤内侧开始挤出奶油霜，绕一圈半即完成一朵玫瑰花，需挤两朵。取出冻硬的五瓣花，根据喜好摆在花藤两侧和蛋糕侧面。

6

用转印塑料字模在蛋糕上表面空白处印出“FOREVER LOVE”，再将剩余的粉色奶油霜装入放有 3 号小圆嘴的裱花袋中，沿印痕描画上“FOREVER LOVE”即可。

梦幻蓝玫瑰

制作材料

夹心完毕的 6 寸海绵蛋糕 1 个
意式奶油霜 330 克
蓝色色素适量
绿色色素适量

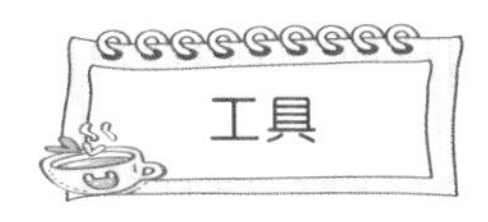

工具

21 号菊花嘴 3 个
47 号单面锯齿嘴 1 个
不锈钢碗 4 个
电动打蛋器 1 台
蛋糕台 1 个
蛋糕盘 1 个
抹刀 2 把
刮板 1 个
裱花袋 4 个

制作步骤

1

将意式奶油霜分成 4 份，一份 180 克，一份 80 克，两份各 35 克。将适量的蓝色色素和绿色色素滴入 180 克奶油霜中，用电动打蛋器搅打均匀，制成蓝绿色奶油霜。

2

在剩余 3 份奶油霜中分别滴入不同分量的蓝色色素，用电动打蛋器搅打均匀，制成深蓝色奶油霜 80 克，蓝色奶油 35 克，淡蓝色奶油霜 35 克；将蛋糕放在蛋糕盘上，再转移到蛋糕台上。

3

将蓝绿色奶油霜装入放有 47 号单面锯齿嘴的裱花袋中，裱花嘴锯齿面贴近蛋糕表面，以绕圈的方式将奶油霜挤在蛋糕表面。用抹刀将蛋糕表面的奶油霜抹平。

4

将深蓝色奶油霜装入放有 21 号菊花嘴的裱花袋中，裱花嘴垂直于蛋糕侧面底部，从花中心开始挤出奶油霜，围绕中心转一圈完成一朵玫瑰花。重复此步骤，至玫瑰花围满底部一圈。

5

将蓝色奶油霜装入放有 21 号菊花嘴的裱花袋中，参照步骤 4 的方法，在第 1 圈玫瑰花上部挤出第 2 圈和第 3 圈蓝色玫瑰花。第 4 圈开始采用淡蓝色奶油霜。从下至上玫瑰花需逐渐减小。

6

参照步骤 4 至步骤 5 的方法在蛋糕上表面由外至内挤出渐变的玫瑰花即可。

第5章

欢乐节庆日

元旦
元
旦

半球型海绵蛋糕坯 1 个
意式奶油霜 250 克
白色色素适量
黄色色素适量
红色色素适量
白巧克力适量

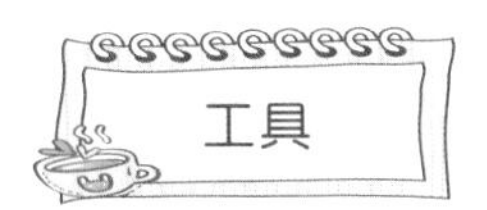

14 号星星嘴 2 个
3 号小圆嘴 1 个
抹刀 1 把
牙签 1 根
烘焙油纸 1 片
不锈钢碗 3 个
裱花袋 4 个
蛋糕垫板 1 块
蛋糕台 1 个
镊子 1 把
蛋糕台 1 个

制作步骤

1

将 250 克意式奶油霜分成两份各 50 克和 1 份 150 克。取一份 50 克意式奶油霜，滴入白色色素，搅打均匀，制成白色奶油霜。

2

将蛋糕坯放在蛋糕垫板上，再转移到蛋糕台上，用抹刀在蛋糕坯表面抹一层薄薄的白色奶油霜，防止蛋糕坯掉屑以及加强表面奶油霜的黏性。

3

用牙签在蛋糕表面定位出灯笼的圆弧形分界线。

4

取另一份 50 克的意式奶油霜，滴入适量黄色色素，搅打均匀，制成亮黄色奶油霜。

5

将亮黄色奶油霜装入裱花袋中，在裱花袋尖端剪一小口，在蛋糕两端分别画上一个长条状的奶油块。

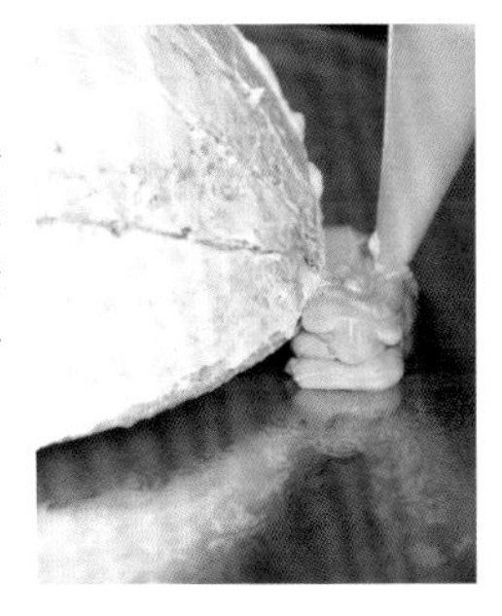

6

将剩余的亮黄色奶油霜装入放有 14 号星星嘴的裱花袋。

7

将裱花嘴垂直于亮黄色长条状奶油块的表面，轻轻挤上星星状奶油霜，挤满为止，不要留有空隙。

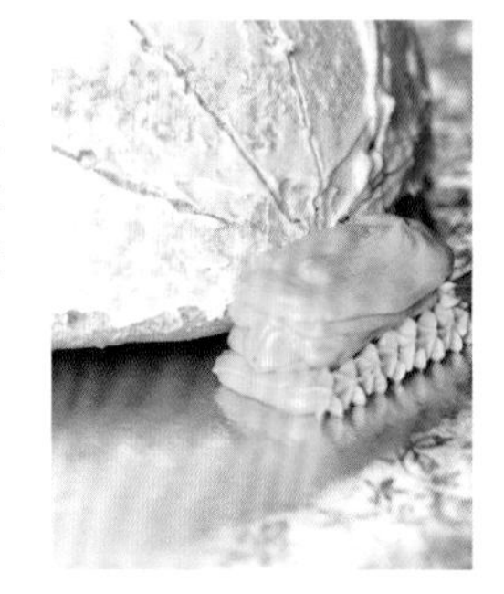

8

沿着定位好的灯笼分界线，依次挤上黄色星星状奶油霜，注意不要留空隙。

9

在 150 克意式奶油霜中滴入适量红色色素，搅打均匀，制成大红色奶油霜，装入放有 14 号星星嘴的裱花袋中。

10

垂直在蛋糕的空白处挤上红色星星状奶油霜，将空白部分填充满为止，出现“灯笼”雏形。

11

将剩余的大红色奶油霜装入放有 3 号小圆嘴的裱花袋，在灯笼两侧画上灯笼的挂钩和灯笼的垂须。

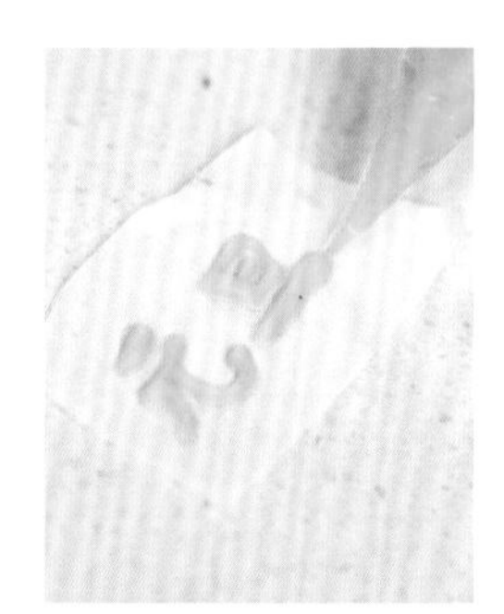

12

将白巧克力隔水加热融化，滴入黄色色素，搅拌均匀，装入裱花袋中，在烘焙油纸表面写上“元旦”二字，放入冰箱冻硬。

13

冻硬后，用镊子将文字转移到蛋糕中间即可。

新春蛋糕

制作材料

夹心完毕的 6 寸可可海绵蛋糕 1 个
巧克力奶油霜 80 克
意式奶油霜 250 克
红色色素适量
白色色素适量
黄色色素适量
粉色色素适量
白巧克力适量

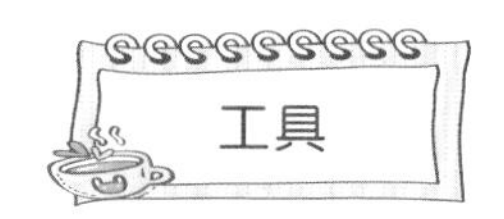

工具

21 号菊花嘴 1 个
104 号花瓣嘴 3 个
2 号小圆嘴 1 个
不锈钢碗 4 个
蓝丁胶若干
裱花钉若干
烘焙油纸若干
烘焙油纸 1 片
镊子 1 把
裱花袋 6 个
蛋糕架 1 个

制作步骤

将 200 克意式奶油霜平均分成 4 份，其中 3 份分别加入适量红色色素、白色色素和粉色色素，搅打均匀，分别制成红色奶油霜、白色奶油霜和粉色奶油霜。

将 70 克巧克力奶油霜装入放有 21 号菊花嘴的裱花袋中（巧克力奶油霜做法参见第 73 页步骤 1）。

3

将蛋糕放在蛋糕架上，裱花嘴与蛋糕侧面呈 30° 角，挤出贝壳状奶油霜，收尾时裱花嘴稍下压，在蛋糕底部画上贝壳围边。

4

将红色奶油霜装入放有 104 号花瓣嘴的裱花袋中。

5

裱花钉上放上蓝丁胶和烘焙油纸。裱花嘴与烘焙油纸呈 45° 角，裱花嘴开口较大的一端置于花中心挤出五瓣花。粉色奶油霜和白色奶油霜也按此方法操作。制作完成后，放入冰箱冷冻约 30 分钟至冻硬。

9

取出冻硬的五瓣花，在蛋糕表面需要放花的位置挤上少许白色奶油霜，再依次放上不同颜色的五瓣花。

将白巧克力隔水加热融化，加入红色色素，搅拌均匀，制成红色巧克力，装入裱花袋中，在裱花袋口打个结。

10

在剩余的 50 克意式奶油霜中滴入适量黄色色素，搅打均匀，制成亮黄色奶油霜，装入放有 2 号小圆嘴的裱花袋中，在五瓣花的中心挤出黄色小圆点，作为花蕊。

7

用红色巧克力在烘焙油纸上写出“恭喜发财”4 个字，放入冰箱冻硬。

11

将剩余 10 克巧克力奶油霜装入放有 2 号小圆嘴的裱花袋中，在花朵旁挤出花朵的枝干即可。

取出冻硬的“恭喜发财”，用镊子转移到蛋糕表面并摆正位置。

Tips

如希望“恭喜发财”4 个字能固定在蛋糕表面，可直接用红色奶油霜在蛋糕表面书写。之所以采用巧克力，是怕新手在制作过程中出错。

浪漫情人节杯子蛋糕

制作材料

杯子蛋糕 15 个
意式奶油霜 800 克
粉色色素适量
绿色色素适量

工具

1M 玫瑰花嘴 1 个
366 号大叶子嘴 1 个
球形泡沫 1 个
小花盆 1 个
棒棒糖棍若干
电动打蛋器 1 台
不锈钢碗 2 个
裱花袋 2 个
镊子 1 把

制作步骤

准备一个球形泡沫和小花盆，将球形泡沫塞入花盆中，塞入约 1/3 即可。利用棒棒糖棍将杯子蛋糕固定在球型泡沫上。

2

将适量粉色色素滴入 600 克意式奶油霜中，用电动打蛋器搅打均匀，制成粉色奶油霜。

3

将粉色奶油霜装入放有 1M 玫瑰花嘴的裱花袋中，裱花嘴垂直于杯子蛋糕中心，挤出奶油霜，以绕圈的方式将杯子蛋糕表面填满。可将奶油霜挤得比蛋糕面大一点，会更美观。

4

为位置较低的杯子蛋糕挤玫瑰花时，需用手将花盆托高一些，方便操作。

5

将适量绿色色素滴入 200 克意式奶油霜中，用电动打蛋器搅打均匀，制成绿色奶油霜。装入放有 366 号大叶子嘴的裱花袋。

6

裱花嘴垂直于球形泡沫挤出绿色奶油霜，边轻微抖动边向外拉出叶子，将杯子蛋糕之间的空隙填满即可。

狂欢万圣节

制作材料

6 寸海绵蛋糕坯 1 个
翻糖膏 150 克
意式奶油霜 50 克
黑巧克力 20 克
牛奶 5 克
淡奶油 190 克
奥利奥饼干碎 10 克
迷你奥利奥饼干 15 块
绿色色素适量
橙色色素适量

工具

3 号小圆嘴 1 个
2 号小圆嘴 1 个
电动打蛋器 1 台
抹刀 2 把
蛋糕垫板 1 块
蛋糕台 1 个
裱花袋 2 个
不锈钢碗 1 个
捏塑棒 1 根

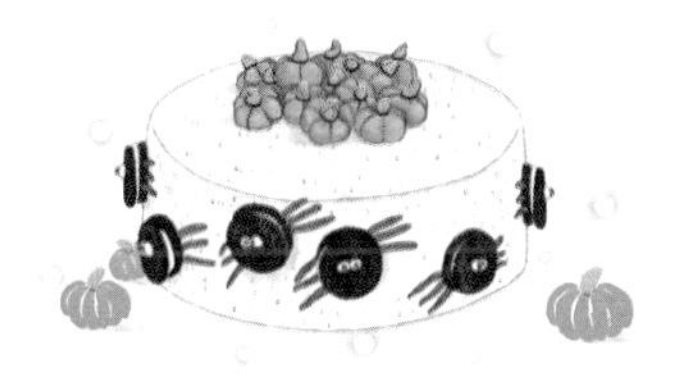

制作步骤

❶

将淡奶油用电动打蛋器打至九分发，倒入奥利奥饼干碎，搅拌均匀，取 180 克在蛋糕坯表面均匀抹平，完成蛋糕抹面，抹面完毕将蛋糕放到蛋糕垫板上，再转移到蛋糕台上。

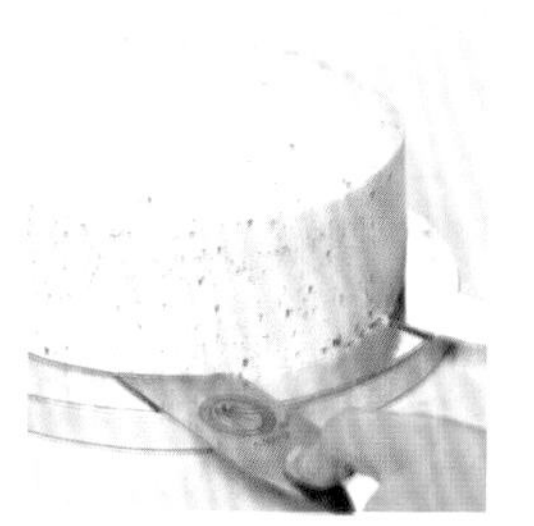

❷

在蛋糕侧面以高低相错的轨迹放上迷你奥利奥饼干，用手指稍按压，整体呈波浪线型。

❸

将剩余 10 克已打发淡奶油装入放有 3 号小圆嘴的裱花袋，垂直在奥利奥饼干中上部位置画出“小蜘蛛”的眼白。

❹

将牛奶隔水加热，倒入黑巧克力中，静置 3 分钟，搅拌均匀，倒入 50 克意式奶油霜，制成巧克力奶油霜。

❺

将巧克力奶油霜装入放有 2 号小圆嘴的裱花袋中。

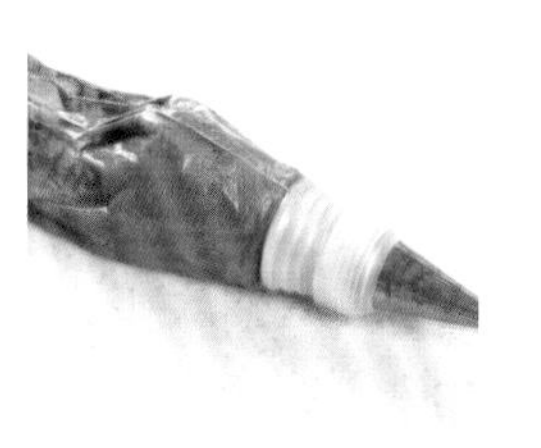

垂直在“小蜘蛛”眼白上点出眼珠。

9

用捏塑棒在侧面轻轻压出南瓜的纹路。

再从奥利奥饼干底部向外拉出“小蜘蛛”的脚。

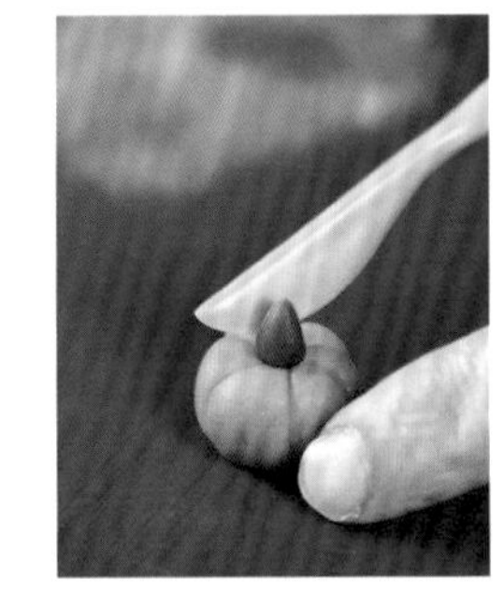

10

取一块翻糖膏，滴入少许绿色色素，揉搓均匀，呈小圆锥状，较大的一端蘸少许水，固定于南瓜中心处。

取一块翻糖膏，滴入少许橙色色素，揉搓均匀，呈扁圆状。

11

最后，在蛋糕上表面中心处堆砌上翻糖小南瓜即可。

母亲节快乐杯子蛋糕
HAPPY
MOTHER'S
DAY

制作材料

杯子蛋糕 7 个
意式奶油霜 240 克
粉色色素适量
灰色色素适量
翻糖叶子若干
粉色糖霜蝴蝶结 1 个
翻糖字母若干

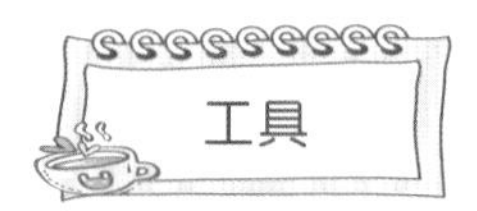

工具

1M 玫瑰花嘴 1 个	不锈钢碗 2 个
5 号小圆嘴 1 个	裱花袋 2 个
电动打蛋器 1 台	蛋糕垫板 1 块

制作步骤

将适量粉色色素滴入210克意式奶油霜中，用电动打蛋器搅打均匀，制成粉色奶油霜。

2

将粉色奶油霜装入放有1M 玫瑰花嘴的裱花袋中，拧紧裱花袋口。

3

裱花嘴垂直于杯子蛋糕中心，挤出奶油霜，以绕圈的方式将奶油霜挤满杯子蛋糕表面，约绕 3 圈即完成一朵花，重复此步骤，共需挤满 7 个杯子蛋糕。

4

将挤好奶油霜的杯子蛋糕放到蛋糕垫板上，摆成花朵状。在杯子蛋糕奶油霜收口处插上一片灰色的翻糖叶子，作为装饰。

5

将适量灰色色素滴入30克意式奶油霜中，用电动打蛋器搅打均匀，制成灰色奶油霜。

将灰色奶油霜装入放有5号小圆嘴的裱花袋中，拧紧裱花袋口。

裱花嘴稍贴近蛋糕垫板面，从花朵状杯子蛋糕中间由内向外拉出花茎，拉出约7条花茎即可。

8

在花茎靠近杯子蛋糕处放上粉色糖霜蝴蝶结。

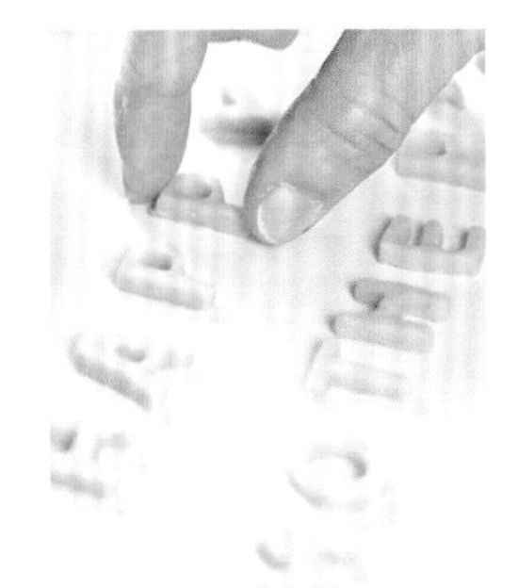

9

在蛋糕垫板上挤少许粉色奶油霜，再放上“HAPPY MOTHER'S DAY”的翻糖字母即可。

Tips

杯子蛋糕要预先在蛋糕垫板上摆放好位置，相互之间要摆放得紧凑一些。

圣诞树桩蛋糕

制作材料

夹心完毕的巧克力蛋糕卷 2 个
黄油 50 克
可可粉 10 克
打发的淡奶油少许
树莓适量
草莓适量
榛子适量

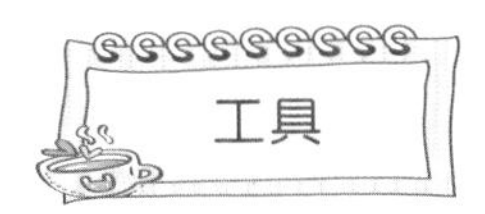

工具

玻璃碗 1 个
电动打蛋器 1 台
裱花袋 2 个
叉子 1 个
切刀 1 个

制作步骤

1. 准备黄油，筛入可可粉，用电动打蛋器打至呈羽毛状，即成巧克力黄油。

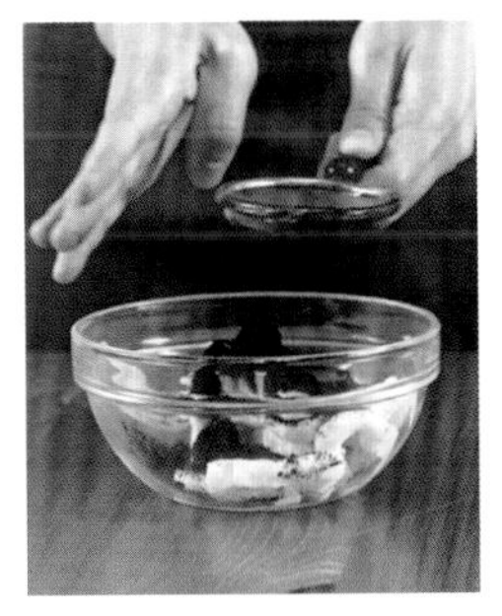

2. 将巧克力黄油装入裱花袋，在顶端剪一个小口，竖直挤在蛋糕卷表面。

3. 用小叉子向上划出树皮的样子。

4. 再挤上一层打发的淡奶油，画出树桩年轮的样子。

5. 将草莓对半切开，中间挤上一小团奶油，做成小人的形状，放在蛋糕树桩上。

6. 装饰树莓、榛子等小饰品，并用巧克力黄油为小人点上眼睛即可。

花好月圆

制作材料

抹面完毕的黄色 6 寸海绵蛋糕（淡奶油）1 个
已打发的淡奶油 50 克
翻糖玉兔 1 只

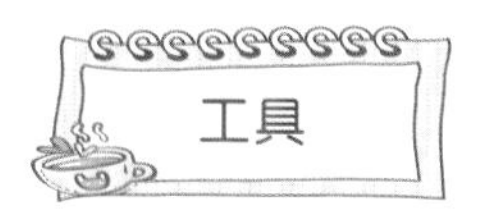

工具

12 号中圆嘴 1 个
抹刀 2 把
蛋糕盘 1 个
裱花袋 1 个

制作步骤

1

用两把抹刀从海绵蛋糕底部两侧将蛋糕转移至蛋糕盘中。

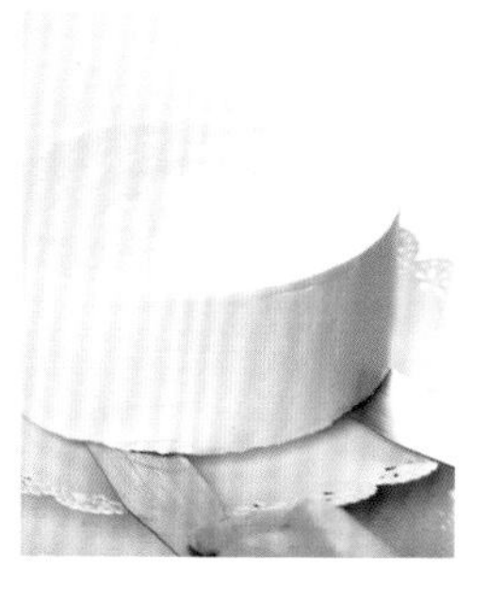

2

将已打发的淡奶油装入放有12号中圆嘴的裱花袋中，拧紧裱花袋口。

3

在蛋糕上表面挤上一团已打发的淡奶油。

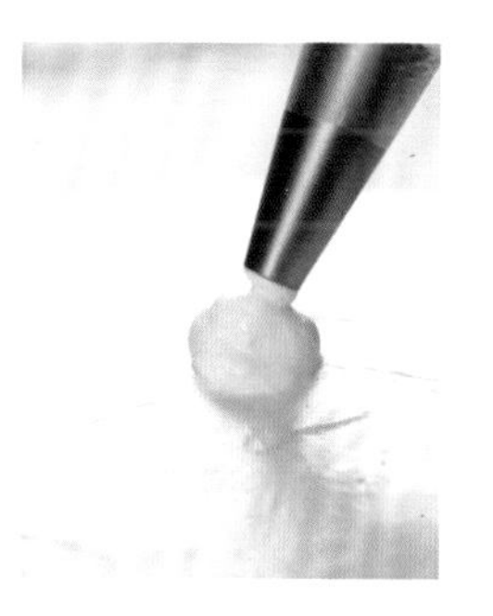

4

把翻糖小兔子粘在步骤 3 中挤出的一团已打发的淡奶油上面。

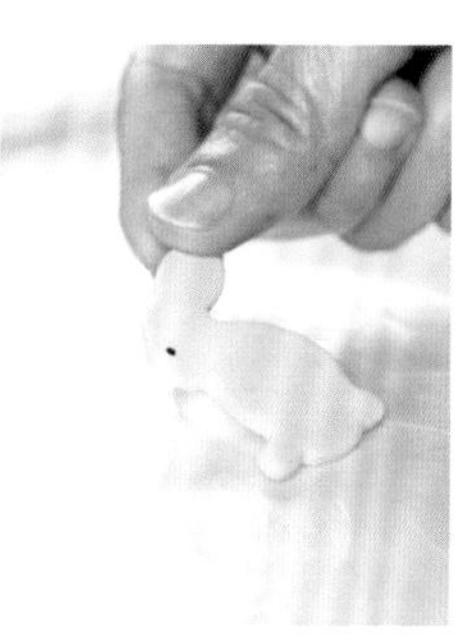

5

裱花嘴与蛋糕侧面呈 60° 角，在蛋糕侧面底部挤出珍珠状淡奶油，重复此步骤至围满蛋糕底部一圈，形成珍珠状围边即可。

圣诞花环杯子蛋糕

制作材料

杯子蛋糕 22 个
意式奶油霜 720 克
绿色色素适量
翻糖装饰适量

工具

SN7102 号菊花嘴 1 个　　裱花袋 1 个
电动打蛋器 1 台

制作步骤

1
将 22 个杯子蛋糕摆成环状。

2
将适量绿色色素滴入意式奶油霜中，用电动打蛋器搅打均匀，制成深绿色奶油霜，装入放有 SN7102 号菊花嘴的裱花袋中。

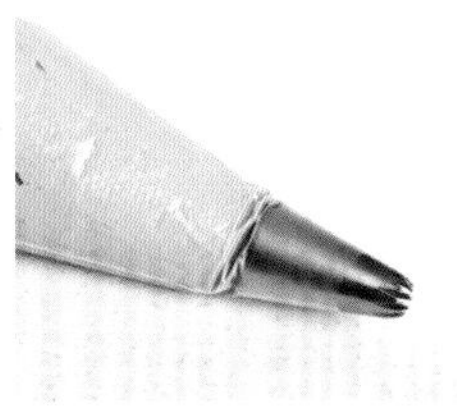

3
裱花嘴垂直于杯子蛋糕表面，从蛋糕边缘开始挤出奶油霜，由外向内绕圈至蛋糕中心，挤满整个杯子蛋糕表面。此过程注意用力均匀。

4
重复步骤 3 的方法，将深绿色奶油霜挤满 22 个杯子蛋糕。

5
将大红色翻糖蝴蝶结放在杯子蛋糕环的中上位置，在其上方正中间放上翻糖圣诞老人。

6
将白色翻糖花、红色翻糖花摆在杯子蛋糕环上。

7
最后，将翻糖小人和圣诞手杖装点在杯子蛋糕环上，营造出圣诞气氛即可。

辛勤的园丁

抹面完毕的 6 寸绿色方形海绵蛋糕（淡奶油）1 个
意式奶油霜 150 克
奥利奥饼干碎 30 克
绿色色素适量
翻糖蔬果适量

233 号小草嘴 1 个
电动打蛋器 1 台
裱花袋 1 个
勺子 1 把
蛋糕垫板 1 块
蛋糕台 1 个

制作步骤

1. 在 150 克意式奶油霜中滴入适量绿色色素，用电动打蛋器搅打均匀，制成深绿色奶油霜，装入放有 233 号小草嘴的裱花袋中；将蛋糕放在蛋糕垫板上，再转移到蛋糕台上。

2. 裱花嘴垂直于蛋糕上表面，挤出奶油霜，轻轻向上拔起，挤出小草状奶油霜，重复此步骤，至蛋糕上表面挤满深绿色小草状奶油霜。

3. 用勺子在蛋糕上表面均匀撒上 3 列奥利奥饼干碎。

4. 裱花嘴与水平面呈 60°角，挤出奶油霜，向上拔起，重复此步骤，在蛋糕底部挤上一圈小草状围边。

5. 在蛋糕上表面均匀放上可爱的翻糖蔬果即可。

儿童节快乐

制作材料

芭比娃娃 1 个
4 寸海绵蛋糕坯 1 个
5 寸海绵蛋糕坯 1 个
6 寸海绵蛋糕坯 1 个
意式奶油霜 500 克
已打发淡奶油 150 克
芒果 100 克

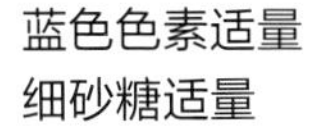

蓝色色素适量
细砂糖适量

工具

22 号菊花嘴 1 个
14 号小菊花嘴 1 个
锡纸若干
蛋糕模具若干
裱花剪刀 1 把
抹刀 2 把
裱花袋 2 个
电动打蛋器 1 台
蛋糕架 1 个

制作步骤

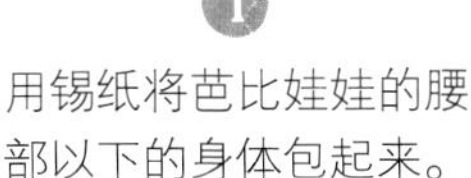

1. 用锡纸将芭比娃娃的腰部以下的身体包起来。

2. 将蛋糕坯堆砌起来进行修剪，使蛋糕坯整体呈蓬蓬裙状。接着，在每个蛋糕坯的中心挖个洞，直径约 3 厘米，能将芭比娃娃放入，把 6 寸海绵蛋糕坯留在蛋糕架上。

3. 将已打发淡奶油抹在 6 寸海绵蛋糕坯的上表面，抹平，放上一层芒果片，再抹一层已打发的淡奶油。此过程注意避开中间的洞口。再放上 5 寸海绵蛋糕坯，重复一次夹心步骤。最后，再放上 4 寸海绵蛋糕坯。

4. 将芭比娃娃放入洞口，用修剪下来的蛋糕坯填充芭比娃娃的腰部，需涂抹一些已打发淡奶油作为黏合剂。

5. 用抹刀在蛋糕坯表面抹一层薄薄的已打发淡奶油。

6. 将适量蓝色色素滴入 200 克意式奶油霜中，用电动打蛋器搅打均匀，装入放有 22 号菊花嘴的裱花袋中。

7

裱花嘴垂直于蛋糕侧面底部，从花中心开始挤出奶油霜，再围绕一圈即完成一朵玫瑰花，重复此步骤，挤满底部一圈后，再以同样方法在上部挤上第2圈，花与花之间不要留有空隙。

9

参照步骤9的方法，再加入100克意式奶油霜，调出颜色更淡的蓝色奶油霜，挤上第5圈和第6圈玫瑰花。剩余的奶油霜皆按照此方法操作，最后两次每次仅需添加50克奶油霜。

将剩余的蓝色奶油霜与100克意式奶油霜混合均匀，装入放有22号菊花嘴的裱花袋中，在蛋糕侧面挤上第3圈和第4圈淡蓝色玫瑰花。

10

将最后所剩的奶油霜装入放有14号小菊花嘴的裱花袋中，裱花嘴垂直于蛋糕，挤出星星状奶油霜，向外拔出。重复此步骤，将奶油霜挤满芭比娃娃上半身即可。

Tips

在剩余的深色奶油霜中依次加入新的意式奶油霜，调出更淡的颜色，这种方法可使蛋糕的渐变效果更自然，操作过程也更简单方便。